全体像と用語がよくわかる!

Microsoft Azure 入門ガイド

山田裕進　本間咲来 著

●権利について

- 本書に記述されている社名・製品名などは、一般に各社の商標または登録商標です。
- 本書では™、©、®は割愛しています。

●本書の内容について

- 本書は著者・編集者が慎重に調査と検討を行い、著述・編集しています。ただし、本書の記述内容に関わる運用結果にまつわるあらゆる損害・障害につきましては、責任を負いませんのであらかじめご了承ください。
- 本書の内容は2021年12月現在の情報を基に記述しています。

●本書の内容についてのお問い合わせについて

この度はC&R研究所の書籍をお買い上げいただきましてありがとうございます。本書の内容に関するお問い合わせは、「書名」「該当するページ番号」「返信先」を必ず明記の上、C&R研究所のホームページ(https://www.c-r.com/)の右上の「お問い合わせ」をクリックし、専用フォームからお送りいただくか、FAXまたは郵送で次の宛先までお送りください。お電話でのお問い合わせや本書の内容とは直接的に関係のない事柄に関するご質問にはお答えできませんので、あらかじめご了承ください。

FAX 025-258-2801
〒950-3122 新潟県新潟市北区西名目所4083-6　株式会社 C&R研究所　編集部
『全体像と用語がよくわかる! Microsoft Azure入門ガイド』サポート係

はじめに

Microsoft Azure（アジュール）は、クラウドコンピューティングのサービスです。Azureでは、200を超えるサービスが提供されており、新機能の追加も毎週のように行われています。「Azureやクラウドに興味はあるが、難しそうだ」「どこから始めればよいのかわからない」と感じてしまう方も多いのではないでしょうか？

本書は、Azureをこれから学習する方向けの入門ガイドです。クラウド初心者の方や、営業など非エンジニアの方にもお読みいただけるよう、解説の仕方を工夫しています。Azureの具体的な操作方法を解説する手順書ではなく、サービスや概念をできるだけわかりやすく解説することに重点を置いています。Azureの数あるサービスの中でも、初めてAzureに触れる方に知っておいていただきたい重要なサービスに焦点を当てて解説していますが、「仮想マシン」や「ストレージ」といった、特に重要なサービスについては、少し掘り下げた説明を行っています。ぜひ、興味のある分野や、皆様の仕事に役立ちそうな分野から、Azureの学習をスタートしてみてください。

本書の構成は以下の通りです。

- **第1章: クラウドとAzureの概要・基礎知識**
- **第2章: Azureの始め方、基本操作、セキュリティ**
- **第3章: コンピューティングのサービス**
- **第4章: ストレージとデータベースのサービス**
- **第5章: AIと機械学習のサービス**
- **第6章: IoTとビッグデータのサービス**
- **第7章: 運用管理に役立つサービス**
- **第8章: Azureの学習に役立つリソース、認定資格**

読者の皆様が、Azureを活用して、素晴らしいアプリケーションを開発・運用されることを願っています。

末筆ながら、本書の執筆に多大なご尽力をいただきました、株式会社リブロワークスの横田様に、この場を借りて、厚く御礼申し上げます。

2021年12月

著者を代表して
Microsoft Technical Trainer
山田 裕進

CONTENTS

注意書き ………… 2
はじめに ………… 3

Chapter 1
Azureの特徴を知る

01 クラウドコンピューティングとは ………… 8
02 Azureとは ………… 11
03 Azureの特徴① 最新テクノロジーが利用可能 ………… 14
04 Azureの特徴② マイクロソフト製品との連携が容易 ………… 17
05 Azureの特徴③ 豊富な開発支援サービスを提供 ………… 20
06 Azureの特徴④ コストの最適化が可能 ………… 23
07 Azureのグローバルインフラ ………… 25
08 Azureのセキュリティ ………… 29
09 Azureの歴史 ………… 31

Chapter 2
Azureの利用を始める

10 Azureを使い始めるには ………… 36
11 Azureを操作する方法 ………… 40
12 Azureのリソース管理 ………… 48
13 Azureのユーザー管理 ………… 54
14 Azureのロールとポリシー ………… 58
15 Azureのコスト管理 ………… 62

Chapter 3 アプリケーションやコードの運用

16 仮想マシンの運用～Azure Virtual Machines …… 70
17 複数の仮想マシンを運用～仮想マシンスケールセット …… 78
18 Webアプリケーションの運用～ Azure App Service …… 83
19 関数アプリの運用～Azure Functions …… 92
20 ロジックアプリの運用～Azure Logic Apps …… 103

Chapter 4 データの運用

21 ストレージを利用するには～ストレージアカウントの作成 …… 112
22 オブジェクトストレージ～Azure Blob Storage …… 120
23 ファイル共有～Azure Files …… 133
24 キューストレージ～Azure Queue Storage …… 138
25 NoSQLデータストア～Azure Table Storage …… 145
26 NoSQLデータベース～Azure Cosmos DB …… 154
27 SQLデータベース～Azure SQL …… 169

Chapter 5 AI・機械学習サービスの活用

28 AzureのAI・機械学習サービス …… 176
29 「視覚」のAIサービス～Vision API …… 182
30 「音声」のAIサービス～Speech API …… 186
31 「言語」のAIサービス～Language API …… 189
32 「ボット」の開発・運用サービス …… 192

Chapter 6 IoTとデータ分析基盤の構築

33 IoTとは …… 198
34 デバイスとクラウド間のゲートウェイ～IoT Hub …… 200
35 エッジコンピューティング～IoT Edge …… 214
36 データのリアルタイム処理 …… 218
37 データの分析 …… 224
38 ビッグデータアーキテクチャ …… 228

Chapter 7 インフラの効率的な運用

39 デプロイの自動化～ARMテンプレート …… 234
40 インフラの監視～Azure Monitor …… 240
41 バックアップ～Azure Backup …… 249

Chapter 8 Azureをさらに学ぶには

42 Azureの操作方法を学ぶ～Microsoft Learn …… 258
43 Azureをより詳しく調べる～Microsoft Docs …… 261
44 実力を証明する～Microsoft認定資格 …… 263

索引 …… 267
著者紹介 …… 271

Chapter 1

Azureの特徴を知る

Microsoft Azureは、マイクロソフトが提供するクラウドコンピューティングのサービスです。本章では、そもそもクラウドが何かという点から、Azureの特徴やメリットについて解説します。

Section 01 クラウドコンピューティングとは

Microsoft Azureは、クラウドコンピューティングのサービスです。Azureについて説明する前に、まずはクラウドコンピューティングとは何かを説明しましょう。

クラウドコンピューティングとは

クラウドコンピューティング（以降、クラウド）とは、クラウドプロバイダと呼ばれる企業や事業所が提供するコンピューティングリソース（サーバーやストレージなど）を、インターネット経由で利用することです。私たちは日々、パソコンやスマートフォンなどでアプリケーションを利用したり、Webサイトを閲覧したりしています。それらのアプリケーションやWebサイトは、クラウドを利用してデータを記録したり、さまざまな処理を実行したりすることが多くなっています。クラウドは今や、電気やガス、水道と同じレベルで、我々の生活に必要不可欠なものとなっているのです。

そのため、クラウドを理解して活用することは、エンジニア・非エンジニア問わず、必須のスキルとなりつつあります。また、クラウドは大企業だけが使用するものではありません。中小企業やスタートアップ企業、そして個人など、あらゆる層がクラウドを活用して、さまざまなアプリケーションやサービスを開発・運用しています。

クラウドとは

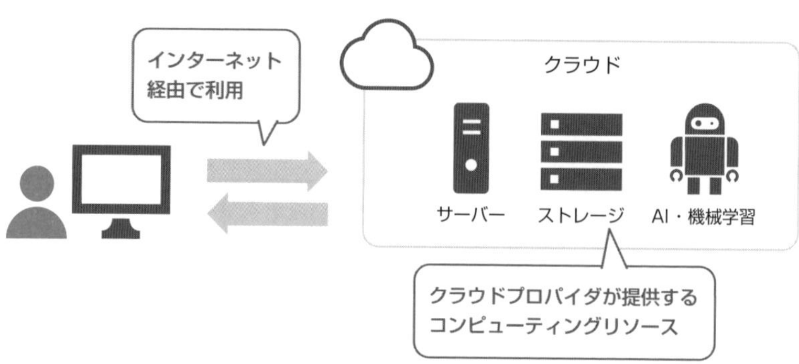

クラウドには多くのメリットがある

クラウドには、実にたくさんのメリットがあります。その中でも代表的なメリットを紹介します。

○ 必要なサービスをすぐに使える

オンプレミスと呼ばれる、自社でサーバーなどを運用する環境では、サーバーなどの機材を調達し、実際に運用を開始するまで、少なくとも数週間といった期間が必要でした。クラウドなら、サーバーなどのリソースやサービスを、数分で使い始めることができます。

○ インフラを所有する必要がない

クラウドを利用すると、サーバーなどの機材を自社で所有する必要がなくなります。サーバーなどのインフラストラクチャ（以降、インフラ）の調達と運用は、利用者に代わり、クラウドプロバイダがまとめて担当します。

○ 料金は使った分だけ

従来のような、インフラを調達するための多額の初期投資が不要になります。基本的にクラウドの利用者は、サービスを使った分だけの料金を支払います。そのため、コストの最適化が図れるというメリットがあります。たとえば、Azureの仮想マシン（Azure Virtual Machines）というサービスの場合、1時間・1台あたり、数円といった程度の料金から利用できます。

○ オンプレミスと組み合わせて利用できる

クラウドは、オンプレミスと組み合わせて利用することも可能です。たとえば、オンプレミスのネットワークとAzureの仮想ネットワークをVPNや専用線で接続して、組み合わせて利用することで、両方のメリットを活用するといったことができます。

クラウドサービスの分類

クラウドのサービスは、クラウドプロバイダが提供するサービスの範囲によって、主にIaaS、PaaS、SaaSの3種類に分類されます。

クラウドサービスの分類

分類	概要
IaaS (Infrastructure as a Service)	仮想マシンやネットワークといったインフラを提供するサービス。仮想マシンとは、物理的なマシン上に構築された仮想的なマシンのこと。Azure Virtual Machines (第3章で解説) などが該当
PaaS (Platform as a Service)	アプリケーションを実行するためのプラットフォーム (OSと言語ランタイム) を提供するサービス。Azure App Service (第3章で解説) やAzure SQL Database (第4章で解説) などが該当
SaaS (Software as a Service)	アプリケーションなどのソフトウェアを提供するサービス。Webブラウザ上で使用できる、オンライン版のWordやExcelなどが該当

IaaS、PaaS、SaaS

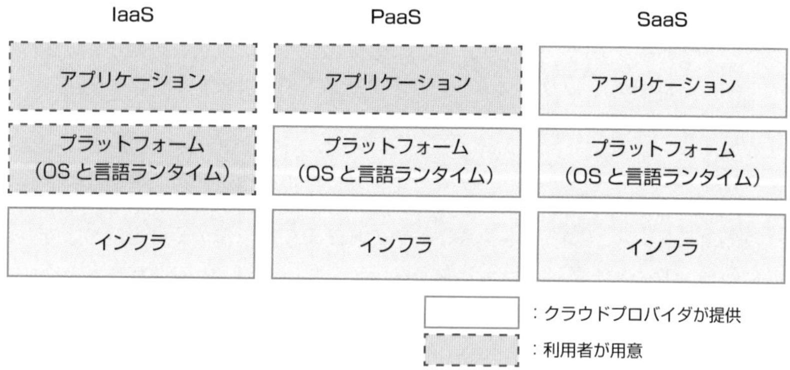

このほかにも、関数 (コード) の実行基盤をサービスとして提供する**FaaS (Function as a Service)** や、災害対策のしくみをサービスとして提供する**DRaaS (Disaster Recovery as a Service)** などの分類もあります。たとえばAzureのFaaSサービスとしてはAzure Functions (第3章で解説)、DRaaSのサービスとしてはAzure Site Recoveryが該当します。

これらの分類を使うと、クラウドにおける各サービスの位置づけをひと言で表現できます。そのため、Azureの公式ドキュメントでも、サービスの紹介文などさまざまな場面で、よく登場します。

Section 02

Azureとは

次は、Azureとは何かについて解説します。Azureを利用する際に、まず知っておくべき基礎知識についてもあわせて紹介しましょう。

Azureとは

Microsoft Azure（アジュール。以降、Azure）は、マイクロソフトが提供するクラウドサービスです。コンピューティングやストレージ、データベース、ネットワーク、セキュリティ、バックアップ、モニタリングなどの基本的なサービスに加えて、AIと機械学習、IoT、ビッグデータ、メディア、移行、ディザスターリカバリー（災害対策）といったサービスまで提供しています。Azureは、200を超える製品とクラウドサービスで構成されているのです。

- Azure
  https://azure.microsoft.com/ja-jp/

Azure

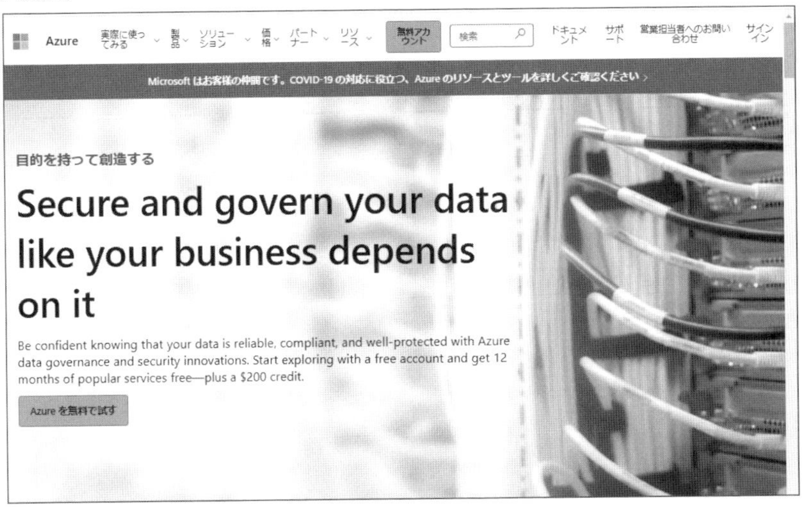

Azureは、2010年のサービス開始から2021年現在まで11年に渡って進化を続けており、新サービスの発表や機能の追加などのペースは年々加速しています。2010年のサービス開始当初は、利用者が開発したアプリケーションをAzure上にデプロイして実行できるPaaS型のサービスとして提供されました。2013年にはWindowsとLinuxの「仮想マシン (Virtual Machines)」が利用可能になり、PaaSに加えてIaaSもサポートされるようになりました。その後も、AIやIoT、ハイブリッドクラウドなど、多数の機能が続々と追加されています。

Azureの全体像

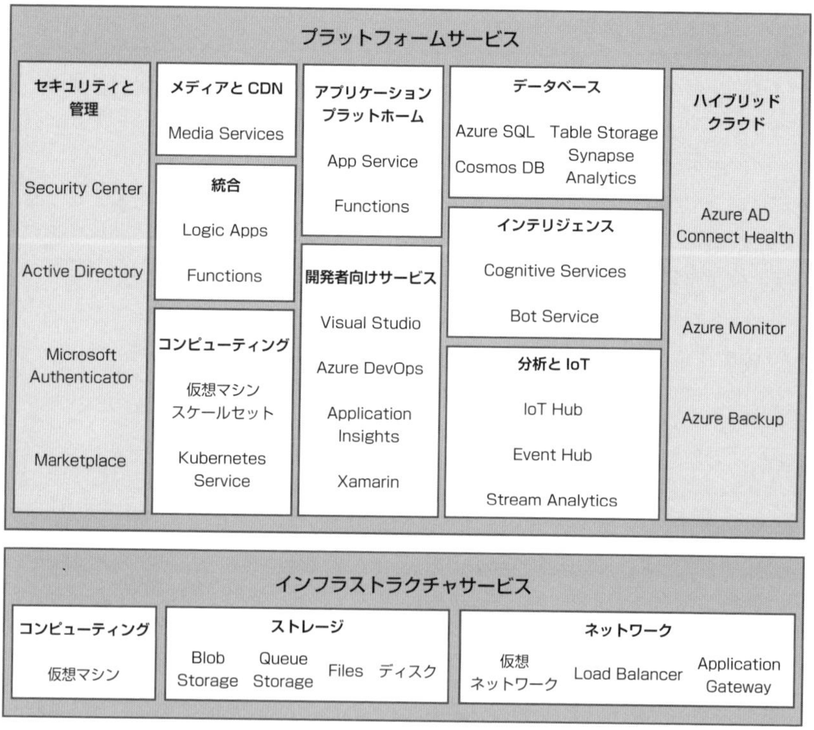

出典：https://docs.microsoft.com/ja-jp/learn/modules/intro-to-azure-fundamentals/tour-of-azure-servicesをもとに著者が加筆・修正

グローバルに展開されたデータセンター

Azureのサービスは、世界中に配置された、マイクロソフトの**リージョン**上で実行されます。リージョンとはデータセンターの集まりのことであり、世界中で、60を超えるリージョンが存在します。そして日本では、「東日本リージョン」と「西日本リージョン」という2つのリージョンが存在します。Azureの多くのサービスでは、リソースを作成する際にリージョンを選択します。リージョンを適切に選ぶことで、データやシステムをエンドユーザーの近くに配置できます。これにより、アクセス時の遅延を小さくすることが可能です。

世界中にあるAzureのリージョン

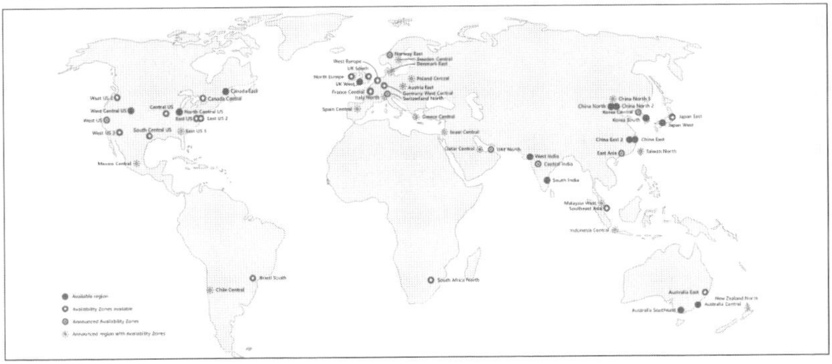

出典：https://azure.microsoft.com/ja-jp/global-infrastructure/geographies/

Azureのセキュリティ体制

Azureでは、セキュリティの強化とプライバシーの保護に取り組んでいます。マイクロソフトは、セキュリティの研究開発に毎年10億ドル以上を投資しています。計3500名以上のサイバーセキュリティの専門家からなるチームが、Azureに置かれたビジネス資産とデータを守っています。そしてAzureでは、90を超えるコンプライアンス認証を利用できます。

また、Azureのデータのプライバシーに関する基本方針は「お客様のデータはお客様が所有する」です。つまり、マイクロソフトがマーケティングや広告のためにお客様のデータを使用することはないということです。

- **信頼できるクラウド**
  https://azure.microsoft.com/ja-jp/overview/trusted-cloud/

Section 03

Azureの特徴①最新テクノロジーが利用可能

Azureでは、仮想マシンやストレージといった、クラウドの定番ともいえる基本的なサービスだけではなく、最新のテクノロジーに基づくサービスも活用できます。いくつか例を紹介しましょう。

グローバルなNoSQLデータベース

NoSQLデータベースは、膨大な量の非構造化データを、リレーショナル（SQL）データベースとは異なる方法で処理します。このNoSQLをAzureで提供するサービスの1つが、Azure Cosmos DBです。Azure Cosmos DBを使用すると、グローバル分散、つまり**複数のリージョンにまたがって構成されるデータベースを簡単に構築・運用できます**。そして、無制限のデータ容量、1桁ミリ秒の応答時間、最大99.999%の可用性を提供します。

またAzure Cosmos DBは、フルマネージド型（クラウドプロバイダが管理する範囲が大きいサービスのこと）なので、データベースの管理コストを軽減します。

グローバルなNoSQLデータベース

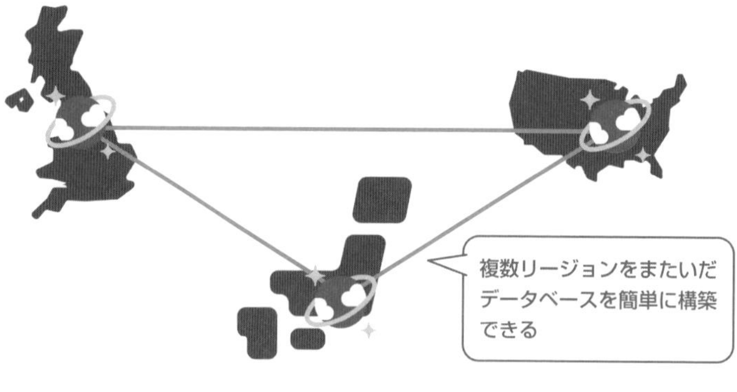
複数リージョンをまたいだ
データベースを簡単に構築
できる

コンテナー型仮想化技術も簡単に扱える

近ごろサービスの開発手法として人気がある**コンテナー型仮想化技術**も、Azureなら簡単に扱えます。コンテナー型仮想化技術は、アプリケーション単位で仮想化を実現するものであり、従来の仮想化技術に比べ、軽量かつ高い可搬性という特徴を持ちます。

Azure Kubernetes Serviceは、コンテナーを動かすマシンの集合体である、Kubernetesクラスターを Azure上に簡単に構築するサービスです。また、「Azure Arc対応Kubernetes」(Azure Arc enabled Kubernetes) というサービスを使うと、Azureの内部だけではなく外部にあるKubernetesクラスターも、Azureからコントロール可能です。

アプリケーションへの検索機能の埋め込み

マイクロソフトは検索エンジンBingを提供していますが、利用者がアプリケーションやサービスに、Web検索や画像検索、ニュース検索などの機能を組み込みたい場合は、AzureのBing Search APIを使用できます。このサービスには、エンドユーザーがキーワード検索の文字をタイプするたびに、キーワードの候補を表示するような機能を提供するBing Autosuggest APIや、特定の地域やカテゴリ (銀行や飲食店、ホテルなど) を検索するLocal Business Search APIなども含まれています。これらのサービスを利用すると、たとえばエンドユーザーに代わってより高度な検索を行うアプリケーションなどを構築可能です。

Bing Search APIの利用

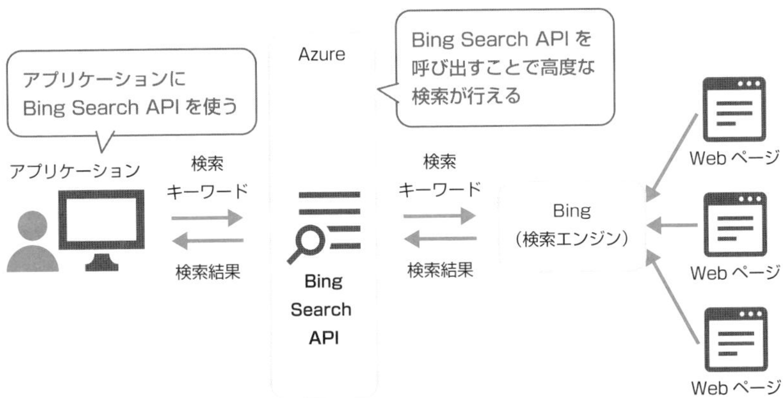

アプリケーションへのAI／機械学習の組み込み

近ごろ話題の機械学習も、Azureならすぐに導入できます。Azure Machine Learningは、機械学習モデルのトレーニングやデプロイ、自動化を提供するサービスです。また、あらかじめトレーニング済みの各種モデルを提供するAzure Cognitive Servicesを利用すると、画像認識やテキストの感情分析などを行うことができます。なお、Azure Cognitive Servicesの1つであるComputer Vision（画像内のテキストやオブジェクトを読み取れるサービス）は、以下のページから試すこともできます。

- **Computer Vision**
  https://aidemos.microsoft.com/computer-vision

画像認識を行うComputer Vision

Azure Machine LearningやAzure Cognitive Servicesについては、第5章でも詳しく解説します。

量子コンピューティング

最新のコンピューティングテクノロジーの1つとして**量子コンピューティング**という分野があります。Azureでは、Azure上で量子コンピューティングプログラムを実行するサービスであるAzure Quantumや、量子アプリケーションを開発するためのQuantum Development Kit（QDK）、量子コンピュータ向けのプログラミング言語「Q#」も公開されています。このことからも、Azureが最新のテクノロジーを利用したサービスを提供していることがわかるでしょう。

Section 04 Azureの特徴② マイクロソフト製品との連携が容易

Azureのサービスは、Azure内のほかのサービスと簡単に連携できます。またそれだけではなく、マイクロソフト製品やサードパーティ製品との連携も容易です。ここでは、Azureとマイクロソフト製品を組み合わせるとどんな機能が実現できるのか、いくつか例を紹介しましょう。

AIを利用したボットのMicrosoft Teamsへの組み込み

AIを利用したボットを、Microsoft Teamsに組み込むといったことが可能です。ボットとは、チャットのような会話型インターフェースを持つアプリケーションのことです。ボットをTeamsに組み込むと、エンドユーザーがTeams上でボットと会話することで、ある特定の処理を実行するといったことが実現できます。たとえば、商品の配送状況の確認、スケジュールの予約といった処理を、Teamsとボットを通じて行えます。

Teamsへのボットの組み込みは、Microsoft Bot Frameworkを使用して開発したボットを、Azure Bot Service上でホスティングすることで実現します。そしてこのボットにAzure Cognitive ServicesのQnA Makerというサービスを組み込むことで、ナレッジベースを使用して、エンドユーザーの質問に自動的に回答する、知的なボットが開発できます。なお、Microsoft Bot FrameworkやAzure Bot Serviceについては、第5章でも詳しく解説します。

Teams上でAzureのボットと会話できる

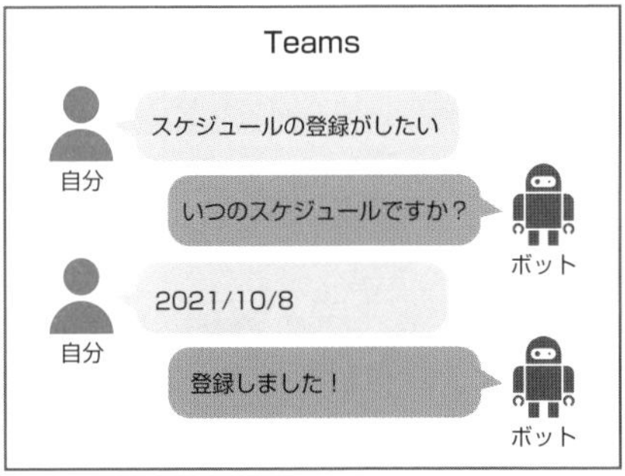

セキュリティの問題発生をTeamsなどで通知

Azureのリソースでセキュリティの問題が発生した場合に、TeamsやOutlookで自動的に関係者に通知するといった連携も可能です。たとえば、セキュリティの問題が発生した場合にTeamsなどで通知するには、Azure Logic Appsというサービスで作成したアプリケーション（ロジックアプリ）を起動するように設定しておきます。このロジックアプリには、Azure仮想マシンなどの制御・TeamsやOutlookを使用した通知、といった処理を設定できます。

なお、セキュリティの問題を検知するには、Microsoft Defender for Cloudという、Azureのリソースを監視するサービスにある「セキュリティアラート」という機能を使います。

セキュリティの問題をTeamsなどで通知

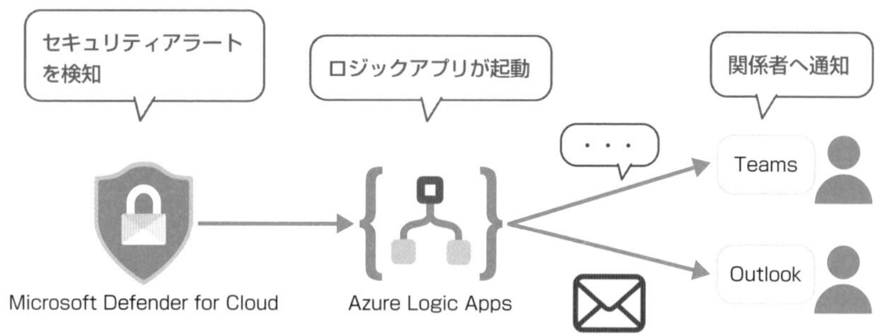

ロジックアプリの作成画面

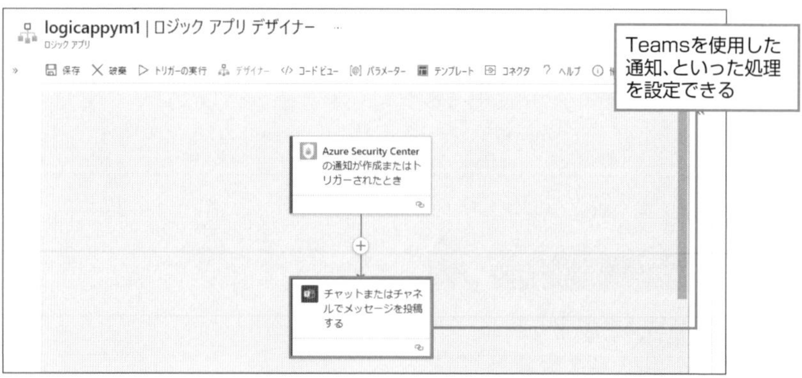

アプリケーションやデバイスにおけるID管理の一元化

Azure Active Directory (Azure AD) を使用して、ユーザーIDを一元管理できます。Azure ADのユーザーは、Azure ADを使用して1回サインインを行うだけでよく、それぞれのアプリケーションの利用時にサインインする必要がなくなります。これを**シングルサインオン**といいます。Azureだけではなく、Microsoft 365 (Word、Excel、PowerPoint、OneDrive、Outlookなど)、Microsoft Power Platform (Power Apps、Power Automate、Power BIなど) といった、数千ものアプリケーションにアクセスできます。

また、クラウド上でWindowsデスクトップとアプリを利用することができるAzure Virtual Desktopでも、エンドユーザーがデスクトップへ接続する際に、Azure ADのIDが使用されます。

Azure ADでのシングルサインオン

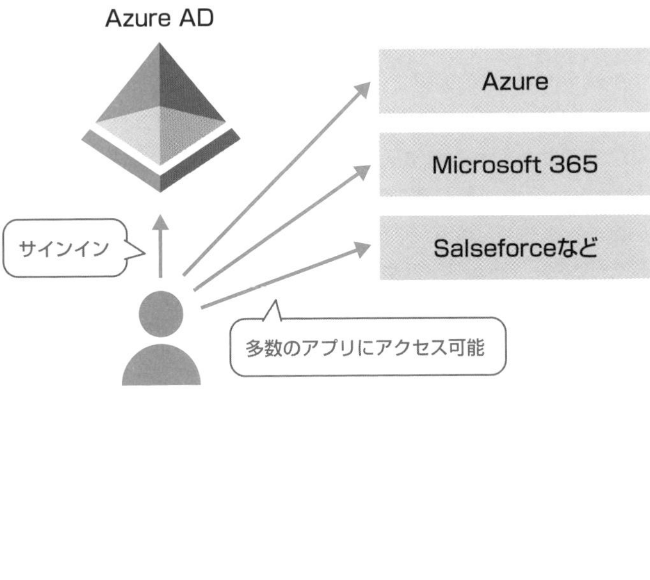

Section 05

Azureの特徴③ 豊富な開発支援サービスを提供

クラウドを使ったアプリケーションの開発・テスト・運用に必要なすべてのツール、言語、プラットフォーム、ドキュメントなどの多くは、マイクロソフトから、あるいは、マイクロソフトとオープンなコミュニティによる共同開発によって提供されています。利用者は、これらの最新かつデファクトスタンダードなツールを活用して、開発の生産性を高めることができます。ここでは、Azureの開発支援サービスについて紹介しましょう。

多彩なホスティングオプション

Azureには、アプリケーションをホストするサービスが、多数取り揃えられています。WindowsやLinuxの仮想マシンを利用できるAzure Virtual Machinesや、アプリケーションをホストするAzure App Service、コンテナー型（仮想化技術の一種）のアプリケーションをホストするAzure Container InstancesやAzure Kubernetes Serviceがあります。また、サーバーレスでコードを実行できるAzure Functionsもあります。アプリケーションの特性に応じて、最適なサービスを選択できます。なお、アプリケーションやコードを運用する主なAzureのサービスについては、第3章で詳しく解説します。

さまざまな言語とプラットフォームのサポート

クライアントアプリケーションからAzureの機能を呼び出せる、Azure SDK（Software Development Kit）が用意されています。Azure SDKは、.NET（C#など）、Java、JavaScript、TypeScript、Python、Goなどの各種プログラミング言語用のものに加えて、AndroidやiOSといったモバイルプラットフォーム向けのものまで提供されています。

開発とテストを行えるツールの提供

アプリケーションの開発とテストに、**Visual Studioなどの統合開発環境（IDE）**、**Visual Studio Codeなどのコードエディタを使用可能**です。これらのソフトウェアにはAzureの開発を支援する機能も備わっているため、Azureのクライアントアプリケーションを効率よく開発できます。ローカルでの、Azureのクライアントアプリケーションの開発とテスト実行では、Azureのストレージ（Azure Blob Storageなど）のエミュレーターや、NoSQLデータベースであるAzure Cosmos DBのエミュレーターなどを使用することも可能です。

開発が完了したら、IDEやコードエディタに組み込まれた機能を使うことで、アプリケーションをAzureにすばやくデプロイできます。

Visual Studio CodeでAzureにアプリをデプロイ

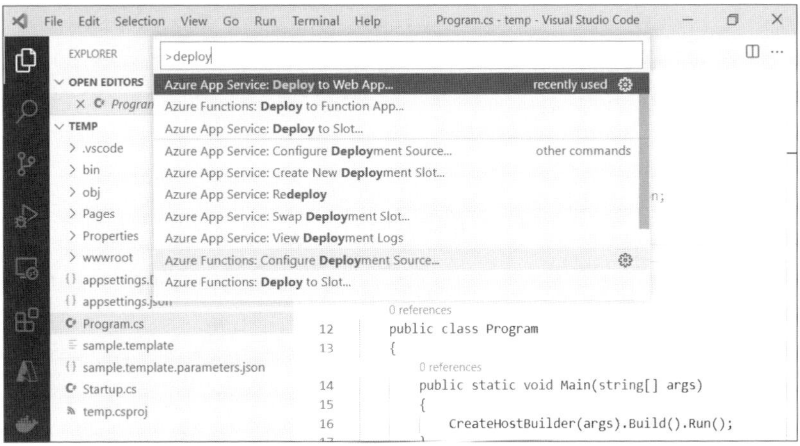

Azureでは、アプリケーションの認証について、IDやパスワードをコード中や設定ファイルに記述する必要がない、安全で便利なしくみを利用できます。ローカルでの開発において、開発者はツールに対し、自分のAzureアカウントを使用してサインインできます。アプリケーションをローカルで動作確認する際、アプリケーションは、ツールに記録された開発者の認証情報を使用して、Azureのリソースにアクセスします。そして、開発したアプリケーションをAzureにデプロイして運用する際は、アプリケーションは「マネージドID」と呼ばれるIDを使用して、Azureのリソースにアクセスできます。

アプリケーションのモニタリング

Azureの利用状況のモニタリングやログの分析には、Azure Monitorを利用します。また、アプリケーションのパフォーマンスの詳細なモニタリングには、Application Insightsを使用します。Azure MonitorのログデータをMicrosoft Power BIにインポートし、レポートで視覚化するといったことも可能です。

Power BIでAzure Monitorのデータを視覚化

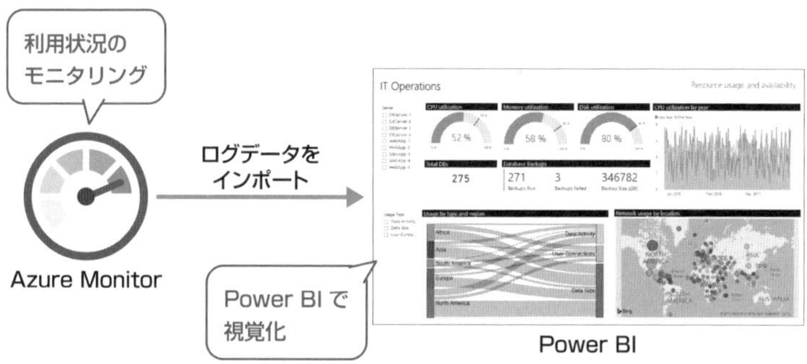

開発と運用の効率化・自動化

開発者向けのサービスであるAzure DevOpsは、CI/CD（継続的インテグレーション/継続的デリバリー）を実現します。コードをGitリポジトリにプッシュしたら、CI/CDパイプラインを利用して、自動的にアプリケーションのビルド・テスト・Azureへのデプロイが行われます。また、プロジェクトのタスクやテスト、開発した成果物（パッケージ）の管理も行えます。

CI/CDの実現

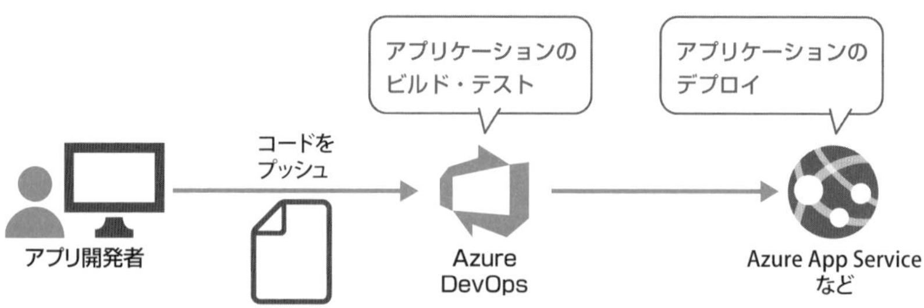

Section 06 Azureの特徴④ コストの最適化が可能

クラウドでは基本的に、サービスを使った分だけ料金を支払います。そのため、クラウドの利用料金は気になるところでしょう。Azureでは、料金の最適化を行うさまざまな方法が提供されています。ここでは、オンデマンドでのリソースの利用、長期間の利用に関する割引、Azureハイブリッド特典について紹介します。

なお、コストの見積もりを行うツールやコストを最適化する方法については、第2章でも解説するので参考にしてください。

オンデマンドでのリソースの利用

Azureに限らず基本的にクラウドでは、必要なときに必要なだけのリソース（仮想マシンなど）を作成して使用します。そのため、リソースの利用が終わり次第、リソースを停止または削除することで、コストを節約することが可能です。

必要なときに必要なだけのリソース

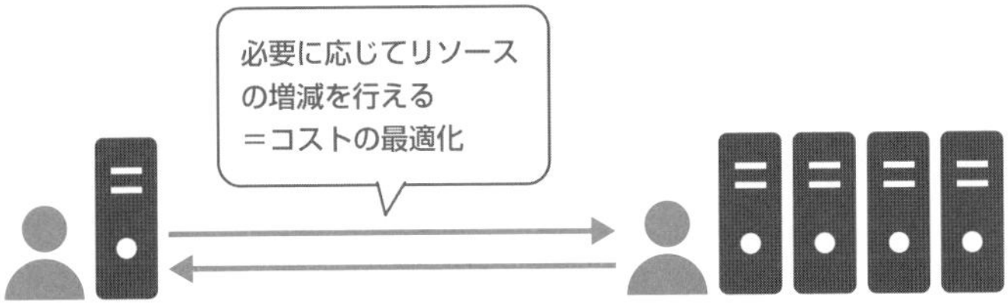
必要に応じてリソース
の増減を行える
＝コストの最適化

なおAzureでは、「ARMテンプレート」という機能を使ってリソースの定義を行い、多数のリソースをすばやく正確にデプロイできます。作成したリソースは、リソースグループという単位にまとめられます。そのためリソースを削除する際は、このグループ単位で簡単に行えます。ARMテンプレートについては第7章、リソースグループについては第2章で詳しく解説します。

長期間の利用に関する割引

Azureで長期間に渡りリソースを利用する予定がある場合は、**予約**を購入すると、その「予約」に該当するリソースの利用時に割引が適用されるので、コストを大幅に節約できます。「予約」は、従量課金制の料金を最大72%削減できます。仮想マシンを始めとして、ストレージ、データベース、ソフトウェアなど、19のサービスで利用可能です。

- **Azureの予約とは**
  https://docs.microsoft.com/ja-jp/azure/cost-management-billing/reservations/save-compute-costs-reservations

Azureハイブリッド特典

Azureハイブリッド特典は、ソフトウェアアシュアランスが有効なオンプレミスのWindows ServerとSQL Serverのライセンスを、Azureで使用できるようにするサービスです。ソフトウェアアシュアランスとは、マイクロソフト製品の利用を支援するための、包括的なボリュームライセンスプログラムのことです。すでに保有しているライセンスを活用することで、AzureでWindowsやSQL Serverなどのインスタンスを利用する際のコストを節約できます。

ライセンスを所有しているユーザーは、たとえばAzureで仮想マシンを作成するときに、以下のようにチェックを付けて、ハイブリッド特典を利用できます。

仮想マシン作成時の設定

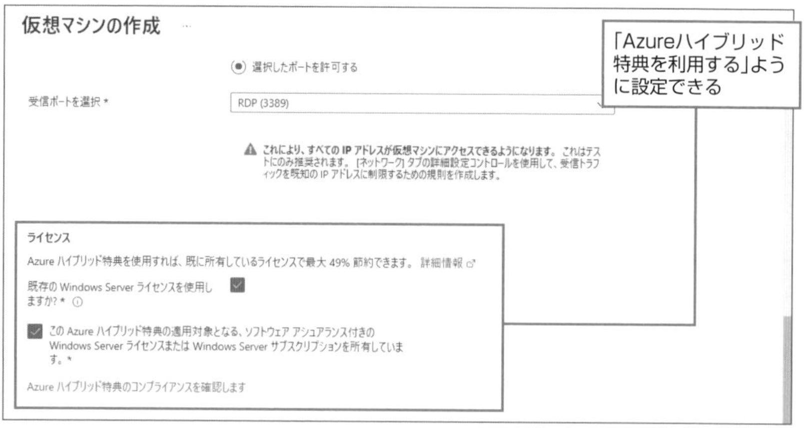

Section 07 Azureの グローバルインフラ

Azureは、世界中にあるデータセンターと、それらを結ぶグローバルネットワークで構成されています。ここでは、Azureのインフラについて解説します。

リージョン

Azureの多くのサービスでは、リソースを配置する際に、そのリソースを配置する**リージョン**を選択します。Azureでは、世界中で60を超えるリージョンが存在し、各リージョンは1つ以上のデータセンターから構成されています。たとえば、日本には「東日本リージョン」があり、東京と埼玉のデータセンターで構成されます。また、「西日本リージョン」があり、大阪のデータセンターで構成されます。Azureのリージョンは、米国や中国、イギリスなど、世界中に展開されています。

政府専用リージョンといった一部の特殊なリージョンを除いて、一般のAzureの利用者は、リージョンを自由に選択して、そこに仮想マシンなどのリソースを配置できます。ただし、Azure DNS (Domain Name System) や、Azure CDN (Content Delivery Network) といったサービスは、リージョンを選択する必要がありません。つまり、グローバルに展開されているサービスも存在します。

リソースのリージョンを選択する際の観点としては、次のものが挙げられます。

リージョン選択の観点

観点	概要
コンプライアンスや法的な要件	リージョンによって、リソースやデータの地理的な配置が決まる。コンプライアンスや法的な要件に従って、適切なリージョンを選択する
レイテンシ	地理的に近いリージョンを選択することで、ネットワークのレイテンシ (遅延) を小さくできる。例えば、日本国内からのアクセスが主であるリソースは、東日本リージョンまたは西日本リージョンを利用するとよい
サービスの有無	リージョンによっては、一部のサービスや、仮想マシンの一部のサイズ (性能) が利用できない場合がある
コスト	リージョンによってコストが若干変わる。動作検証など、コンプライアンスやレイテンシなどが問題にならない用途で、なるべく低コストで運用したい場合は、「米国東部2」リージョンなどを選択する

リージョンごとの利用可能なサービスや、今後の提供状況については、以下のページを参考にしてください。

- **リージョン別の利用可能な製品**
  https://azure.microsoft.com/ja-jp/global-infrastructure/services

可用性ゾーン

Azureのリージョンには、**可用性ゾーン（Availability Zones）**に対応しているものがあります。可用性ゾーンは、**データセンターレベルで、可用性を向上させるしくみ**です。可用性ゾーンは、1つ以上のデータセンターの集まりであり、それぞれに電源・冷却設備・ネットワーク設備が備わっています。そのため、たとえば、ある可用性ゾーンの電源に障害が発生しても、他の可用性ゾーンはその影響を受けずに、運用を継続できます。なお、東日本リージョンは可用性ゾーンに対応していますが、西日本リージョンは対応していません。

各可用性ゾーンは「ゾーン1」「ゾーン2」「ゾーン3」といった名前で識別されます。可用性ゾーンに対応しているリージョンでは、少なくとも3つの可用性ゾーンが利用可能です。

可用性ゾーン

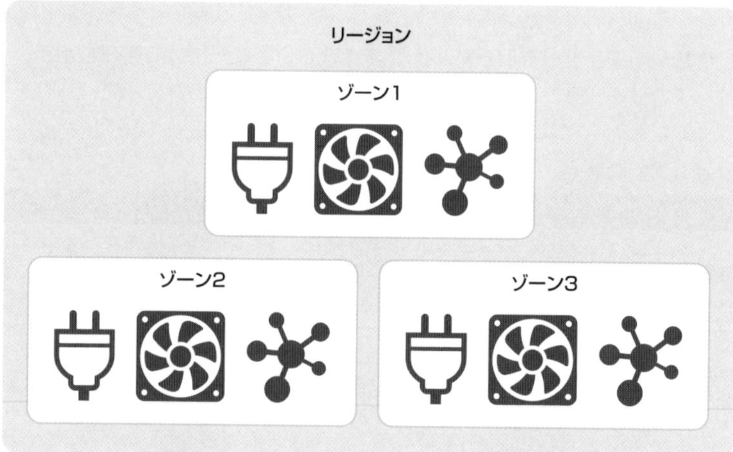

可用性ゾーンへのリソース配置を明示的に指定できるサービスがあるので、いくつか紹介しましょう。

- **仮想マシン（Azure Virtual Machines。略してVM）**
  仮想マシンを配置するゾーンを明示的に指定できます。
- **仮想マシンスケールセット（VMSS）**
  仮想マシンスケールセットに含まれる複数のVM（インスタンス）を、複数のゾーンに自動的に分散配置できます。
- **Azure Load Balancer**
  VMの場合と同様に、配置するゾーンを明示的に指定できますが、**ゾーン冗長（複数のゾーンにまたがって1つのリソースを配置）**の指定も可能です。

可用性ゾーンを活用すると、システムの可用性を高められます。たとえば、複数のWebサーバーを、リージョンの複数の可用性ゾーンにデプロイし、ゾーン冗長のAzure Load Balancerで負荷分散すると、そのリージョンの1つの可用性ゾーンに障害が発生しても、Webサイトの運用を継続できます。

リージョンはペアで構成されている

Azureのリージョンは基本的に、同じ「地域」の中にペアで構成されています。たとえば、東日本リージョンと西日本リージョンは、日本という「地域」の中でペアになっているリージョンです。また、英国西部リージョンと英国南部リージョンは、英国という「地域」の中でペアになっているリージョンです。

ペアになっているリージョン

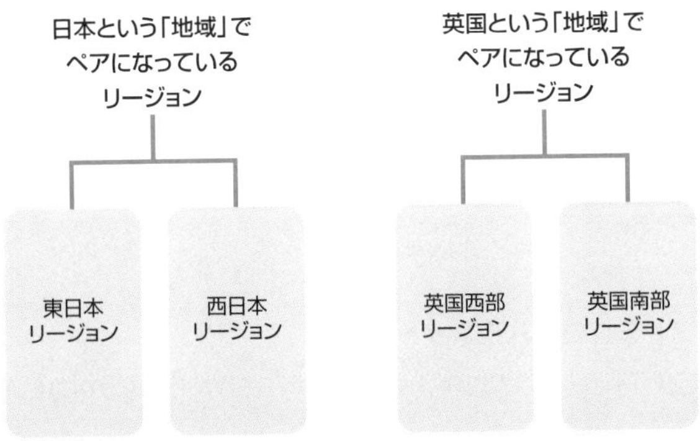

ペアのリージョンは、Azureのプラットフォームの更新作業や、大きな災害からの復旧において活用されます。リージョン単位のプラットフォーム更新作業は、ペアのリージョン内で順番に実行されます。たとえば、東日本リージョンと西日本リージョンが同時に更新されることはありません。また、ペアのリージョンに渡る大きな災害が発生した場合、ペアの一方のリージョンが優先的に復旧されます。そのため、**高い可用性と回復性が要求されるシステムなら、ペアのリージョンを活用すること**が考えられます。複数のアクティブなリージョンをサポートするアプリケーションでは、可能な場合、リージョンペアの両方のリージョンを使用することが推奨されています。

また、ペアのリージョンを活用できるAzureのサービスは、ほかにもあります。たとえば、ストレージアカウント（第４章参照）やRecovery Servicesコンテナー（第７章参照）は、ペアのリージョン間でデータをレプリケーション（複製）するように設定でき、大きな災害が発生した際のデータの耐久性を、大幅に向上できます。

ペアのリージョンの一覧などについては、公式ドキュメントを参考にしてください。

- **ペアになっているリージョン**
  https://docs.microsoft.com/ja-jp/azure/best-practices-availability-paired-regions

グローバルなネットワーク

Azureの世界中のリージョンは、マイクロソフトが運用する、世界最大規模のバックボーンネットワークである、**グローバルネットワーク**を通じて相互に接続されています。Azureのサービス間のあらゆるトラフィックは、グローバルネットワーク内でルーティングされ、インターネットを経由することはありません。グローバルネットワークの詳細な情報については、次のページを参考にしてください。

- **Azureのグローバルネットワーク**
  https://azure.microsoft.com/ja-jp/global-infrastructure/global-network/

- **マイクロソフトのグローバルネットワーク**
  https://docs.microsoft.com/ja-jp/azure/networking/microsoft-global-network

Section 08 Azureのセキュリティ

クラウドを使う際、セキュリティについて気になる人は多いでしょう。ここでは、Azureのセキュリティ対策や、セキュリティの考え方について紹介しましょう。

クラウドにおけるセキュリティ

AzureのセキュリティについてはP.13でも紹介しましたが、Azureのインフラは極めて高度なセキュリティで守られており、利用者が安心してクラウドを利用できる体制を整備しています。ただし、クラウドを使ったからといって、セキュリティについて、利用者がなにも考慮しなくていいというわけではありません。たとえば仮想マシンを使用する場合、OSのセキュリティ更新プログラムの適用や、OS上のユーザーアカウントの管理は、利用者に委ねられています。

このようにクラウドのセキュリティは、クラウドプロバイダが提供する責任の範囲と、利用者が実施する必要がある責任の範囲が分かれています。クラウドのサービスを利用する上で、この責任の範囲をきちんと理解しておくことは重要です。

セキュリティの責任を分担する「共同責任モデル」

共同責任モデルは、運用やセキュリティに関し、クラウドプロバイダであるAzureとその利用者とで、**責任を分担するモデルのこと**です。たとえば、オンプレミスの物理マシンを、AzureのIaaS（VM）に移行すると、データセンターや物理ネットワーク、物理ホストの管理の責任は、クラウドプロバイダであるAzure側に移譲されます。クラウドサービスの分類（P.9参照）で述べると、IaaSよりもPaaS、PaaSよりもSaaSのほうが、クラウドプロバイダの責任の範囲は大きくなります。責任をクラウドプロバイダに移譲すると、クラウドの利用者は、これまでセキュリティに費やしてきた人的リソースと予算を、そのほかの事業や優先事項に割り当てられるというメリットがあります。

ただし、データやエンドポイント、アカウント、アクセス管理については、常に利用者が責任を負うので、注意が必要です。

共同責任モデル

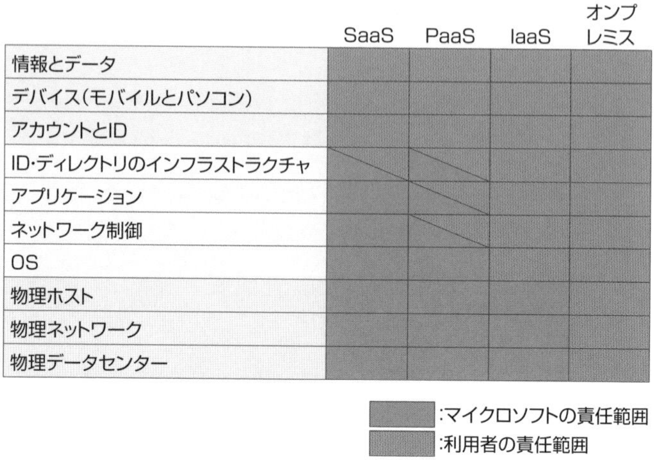

SaaS
PaaS
IaaS
オンプレミス
情報とデータ
デバイス(モバイルとパソコン)
アカウントとID
ID・ディレクトリのインフラストラクチャ
アプリケーション
ネットワーク制御
OS
物理ホスト
物理ネットワーク
物理データセンター
:マイクロソフトの責任範囲
:利用者の責任範囲

データセンターのセキュリティ

Azureのインフラを構成する、データセンターのセキュリティについても触れておきましょう。Azureのデータセンターを配置する場所は、洪水や地震などの災害を考慮し、その被害を最小限にできる場所が選ばれています(データセンターの場所は非公開です)。データセンターは、境界防御や24時間体制の監視、専任のセキュリティ担当者の配置、ロックされたサーバーラックなどのしくみによって、厳しいセキュリティで保護されています。

またAzureでは、他のどのクラウドプロバイダよりも広範囲に渡るセキュリティが提供されます。Azureは、国際的、あるいは業界標準の、多くのコンプライアンス標準やセキュリティ基準に準拠しています。具体的には、ISO 27001やHIPAA、FedRAMP、SOC1、SOC2といったコンプライアンス標準に適合しています(適合するコンプライアンス標準はリージョンにより異なります)。これは、Azureのセキュリティの高さが、第三者機関による監査によって確認されていることを表します。

- **Azureが準拠しているコンプライアンス**
  https://docs.microsoft.com/ja-jp/compliance/regulatory/offering-home

Section 09

Azureの歴史

Azureは、2010年のサービス開始から2021年現在まで、11年に渡って進化を続けています。主要なサービスについては以降の章で詳細に説明していきますが、まずは全体像を理解するためにも、Azureにおける重要なマイルストーンについて紹介しておきましょう。

Azureの歴史

2008年10月、開発者向けのカンファレンス「Microsoft Professional Developers Conference (PDC) 2008」で、Windows Azureが発表されました。ユーザーが開発した.NETアプリケーションをAzure上にデプロイして実行できる、PaaS型のサービスという位置づけでした。

2010年1月、Windows Azureのサービスが開始されました。ストレージサービス（当初は、Blob、Table、Queueの3つ）やSQL Azureなどの提供も開始されました。ストレージについては第4章で解説します。

2013年4月、「インフラストラクチャサービス」として、WindowsとLinuxの「仮想マシン (Virtual Machines)」や「仮想ネットワーク」の機能が利用可能になりました。これらは、第3章で解説します。

2013年5月、日本国内のビジネス強化に向けて、東日本リージョン・西日本リージョンの開設計画が発表され、2014年2月に利用が可能となりました。これにより、アプリケーションやデータを国内に配置し、国内あるいはその近辺から低遅延でアクセスすることができるようになりました。

2014年3月、名称が「Microsoft Azure」へと変更されています。その後も、新サービスや新機能が続々と追加されており、Azureは年々進化を続けています。

Azureの新サービスや新機能の情報は、以下の公式ブログでチェックすることができます。

- **Microsoft Azureブログ**
  https://azure.microsoft.com/ja-jp/blog/

本書で取り上げる主なサービス・機能は以下の通りです。カテゴリ別にサービスを紹介しているので、全体像を把握するのに参考にしてください。

ツール・ITとガバナンス

サービス	概要	一般提供開始	本書での解説
Azure portal	すべてのAzureサービスを制御するWeb管理画面	2014年4月	第2章
Cloud Shell	Azure portal内でPowerShell／Bashを使用してコマンドを実行	2017年11月	第2章
Azure PowerShell（1.0）	Azureリソースを操作するためのPowerShellモジュール	2015年10月	第2章
Azure CLI	Azureリソースを操作するためのコマンドラインインターフェース	2012年6月	第2章
Azure Active Directory	ユーザーやアプリを管理する、クラウドベースのID管理システム	2013年4月	第2章
Azure RBACロール	リソースやデータの操作権限をユーザーやアプリなどに割り当て	2016年1月	第2章
Azure Policy	リソースに対するルールを設定し、リソースの準拠状況を評価	2016年4月	第2章

コンピューティングとネットワーク

サービス	概要	一般提供開始	本書での解説
Azure仮想マシン（VM）	Windows ServerやLinuxの仮想マシンをホスティング	2013年4月	第3章
仮想マシンスケールセット（VMSS）	複数の仮想マシンインスタンスをまとめて管理・スケーリング	2015年11月	第3章
Azure App Service	WebアプリケーションやWeb APIのホスティング	2013年6月	第3章
Azure Functions	イベントに応答する関数アプリのホスティング	2016年11月	第3章
Azure Logic Apps	複数のシステムやアプリを統合するワークフローの作成・実行	2016年7月	第3章
仮想ネットワーク（VNet）	仮想マシンなどを配置できるプライベートネットワーク	2013年4月	第3章
Azure Load Balancer	トラフィックを複数の仮想マシンなどに負荷分散	2013年4月	第3章

ストレージとデータベース

サービス	概要	一般提供開始	本書での解説
Azure Blob Storage	任意の形式のデータを保存できるオブジェクトストレージ	2010年1月	第4章
Azure Queue Storage	キューを使用してメッセージを格納	2010年1月	第4章
Azure Table Storage	構造化データを保存できるデータストア	2010年1月	第4章
Azure Files	VMやオンプレミスサーバーから利用できるファイル共有	2015年9月	第4章
Azure Cosmos DB	フルマネージドのNoSQLデータベース	2017年11月	第4章
Azure SQL	SQL Serverに基づくクラウド型リレーショナル・データベース	2010年2月	第4章
Azure Database for PostgreSQL	フルマネージドのPostgreSQLデータベースを提供	2018年4月	第4章
Azure Database for MySQL	フルマネージドのMySQLデータベースを提供	2018年4月	第4章
Azure Database for MariaDB	フルマネージドのMariaDBデータベースを提供	2018年12月	第4章

AI・機械学習

サービス	概要	一般提供開始	本書での解説
Azure Machine Learning	機械学習プロジェクトの管理、モデルの開発とデプロイ	2018年12月	第5章
Azure Cognitive Services	AIによる画像や音声の認識機能を提供	2016年5月	第5章
Azure Applied AI Services	ビジネスですぐに活用できるAIサービスを提供	2021年5月	第5章
Azure Bot Service	チャットボットの開発と運用をサポートするマネージドサービス	2017年12月	第5章

IoT・ビッグデータ・イベント

サービス	概要	一般提供開始	本書での解説
Azure IoT Hub	デバイスとクラウドのサービス間でメッセージを中継	2016年2月	第6章
IoT Hub Device Provisioning Service	デバイスをIoT Hubに登録し、プロビジョニング（構成を適用）	2017年12月	第6章
IoT Edge	エッジデバイス上のモジュール（機械学習など）をクラウドから管理	2018年6月	第6章
Azure Stream Analytics	大量のストリーミングデータをリアルタイムで処理	2015年4月	第6章
Azure Time Series Insights (TSI)	IoTデータの分析と視覚化、データの保存を行う	2017年11月	第6章
Event Grid	イベントのルーティングと配信	2018年1月	第6章
Event Hubs	ストリーミングデータの取り込みと配信	2014年11月	第6章
Azure Databricks	Apache Sparkに基づくフルマネージド型の分析プラットフォーム	2018年3月	第6章
Azure Data Factory	データの抽出・変換・書き出し（ELT）を行うサービス	2015年8月	第6章
Azure Data Lake Storage Gen2	ビッグデータ分析のためのデータレイクソリューション	2019年2月	第6章

管理・監視・バックアップ

サービス	概要	一般提供開始	本書での解説
Azure Resource Manager	Azureのリソースを管理するレイヤー	2014年4月	第7章
Azure Monitor	インフラやリソースの監視、視覚化、通知、自動化	2017年3月	第7章
Log Analytics	さまざまなサービスやリソースからログデータを収集、分析	2015年5月	第7章
Application Insights	アプリケーションのパフォーマンスや動作状況を監視	2016年11月	第7章
Azure Backup	さまざまなリソースのバックアップとリカバリ	2013年10月	第7章
バックアップセンター	バックアップのための新しいコントロールプレーンを提供	2021年3月	第7章
Recovery Services コンテナー	バックアップを格納する従来のコンテナー	2016年5月	第7章
バックアップコンテナー	バックアップを格納する新しいコンテナー	2020年9月	第7章

Chapter 2

Azureの利用を始める

Azureを使い始めるのは簡単です。本章では、Azureの利用を開始するための方法や、リソース管理やユーザー管理といった、Azureを利用する際の基本的な知識について解説していきます。

Section 10

Azureを使い始めるには

Azureは、Webブラウザさえあれば簡単に使い始めることができます。本節では、Azureを使う流れについて解説しましょう。

Azureを使い始める際の流れ

Azureは、Webブラウザを使用してオンライン上で手続きを行うことで、すぐに使い始めることができます。事前に準備しておく必要があるものは、メールアドレス、電話番号、クレジットカード番号だけです。最初は、無料のアカウントも利用できるので、気軽に始められます。

本書では、個人としてAzureを使い始める（Azureアカウントを作成する）場合の流れを説明します。個人の場合は、事前にMicrosoftアカウントまたはGitHubアカウントを作成しておき、Azureにサインアップします。

個人でAzureを使う場合の流れ

①Microsoft アカウントまたは GitHub アカウントの作成

↓

②Azure へのサインアップ

↓

③「Azure 無料アカウント」を使用する

↓

④「従量課金制」へのアップグレード

なお、**組織（企業）としてAzureの利用を開始する場合は、最初に「組織」としてサインアップする必要があります**。詳しくは、Azureの営業担当者に問い合わせを行うか、以下のページを参照してください。

- **Azure Active Directoryを使用するように組織をサインアップする**
  https://docs.microsoft.com/ja-jp/azure/active-directory/fundamentals/sign-up-organization

①MicrosoftアカウントまたはGitHubアカウントの作成

個人でAzureを使い始めるにはまず、**Microsoftアカウント**または**GitHubアカウント**を作成します。これらはAzureのアカウントとは別のものですが、Azureのアカウントを作成する際に必要です。これらのアカウントを持っていない場合は、事前に用意しましょう。

事前に準備するアカウントの種類

アカウントの種類	概要	アカウント作成のページ
Microsoftアカウント	Outlook.com、Office、Skype、OneDriveなどの各種サービスを利用するためのアカウント。作成は無料	https://account.microsoft.com/account
GitHubアカウント	GitHub上にコードをホスティングし共同開発を行うためのアカウント。作成は無料	https://github.com/join

なお、このアカウントで使用したメールアドレスは、Azureにアクセスする際のIDとしても利用します。

②Azureへのサインアップ

次に、Azureへのサインアップ（利用開始の手続き）を行い、**Azure無料アカウント**を作成します。このアカウントを作ると、Azureの利用を開始できます。

Azure無料アカウントを作るには、以下のページにアクセスします。

- **Azureの無料アカウントを今すぐ作成**
  https://azure.microsoft.com/ja-jp/free/

そしてMicrosoftアカウントまたはGitHubアカウントでサインインし、氏名やメールアドレス、電話番号、クレジットカードの情報を入力します。サインアップが完了すると、Azureの操作画面である**Azure portal**が表示されます。

サインアップが完了した際の画面

③「Azure無料アカウント」を使用する

Azureを初めて利用する場合、Azure無料アカウントによって、最初の30日間使用できる「200ドルのAzureクレジット」と「12ヶ月の無料サービス」が提供されます。また、「常に無料のサービス」も利用できます。

Azure無料アカウントで提供されるサービス

提供されるサービス	概要	期限
200ドルのAzureクレジット	無料ではないサービス・Azureリソースを使用すると、このAzureクレジットから料金が差し引かれる。ここでいう「クレジット」は、クレジットカードとは別のものを指すのに注意	無料アカウント作成から30日間
12ヶ月の無料サービス	AzureのVM、ロードバランサー、ストレージなどのサービスを利用できる	無料アカウント作成から12ヶ月
常に無料のサービス	仮想ネットワーク、Azure App Service、Azure Functionsなどのサービスを利用できる	いつでも無料（期限なし）

Azure無料アカウントの詳細については、https://azure.microsoft.com/ja-jp/free/で確認してください。Azure無料アカウントを、後述する「従量課金制」へアップグレードするまで、クレジットカードに課金されることはありません。また**勝手にアップグレードされることもない**ので、安心してください。

④「従量課金制」へのアップグレード

Azureクレジットの残高がなくなるか、使用開始から30日が経過して有効期限が切れたあとも、Azureを引き続き使用するには、**アカウントを「従量課金制」にアップグレードする必要があります**。アップグレードすると、使用したサービスに応じて、クレジットカードによる料金の支払いが発生します。なお、アップグレードの操作は、Azure portal内で行います。

Column アカウントを保護するには？

アカウントは、Azureだけではなく、そのほかのさまざまなサービスへのサインインにも利用されます。そのため、アカウントの保護は極めて重要です。無料の**Microsoft Authenticatorアプリ（以降、Authenticatorアプリ）**を使うと、MicrosoftアカウントやAzureアカウントを保護できます。このアプリは、AndroidとiOSで使用できます。

Authenticatorアプリをセットアップすると、MicrosoftアカウントやAzureアカウントでのサインインの際に、Authenticatorアプリに「サインイン要求」が送信されるようになります。ユーザーは、スマートフォンのロックを解除して、Authenticatorアプリで「サインイン要求」を承認します。これにより、サインインが完了します。これらのしくみにより、アプリをインストールしたスマートフォンの所有者（正規のユーザー）以外の不正なユーザーがサインインすることを防止するので、アカウントのセキュリティが向上します。

なお、組織のユーザー（Azure Active Directoryに登録されるユーザー）においても、本アプリを利用できます。また、2019年10月22日以降に作成されたAzure Active Directoryテナントでは、**セキュリティの既定値群**という設定がデフォルトで有効になっています。この設定が有効の場合、テナント内のすべてのユーザーが本アプリを使用して、Azure AD Multi-Factor Authentication（Azure AD多要素認証）に登録することが必須となります。

Section 11

Azureを操作する方法

Azureを操作する方法はいくつか用意されています。Azure portalを使用してWebブラウザ上から操作するのが最も直感的でわかりやすい方法ですが、状況に応じて、コマンド、Visual Studioなどの開発ツール、AzureのREST APIなどを使用することも可能です。

ここでは、「Azure portalによる操作」と「コマンドによる操作」について解説します。

Azure portalによる操作

Azure portalは、Webベースの統合コンソールです。GUIベースのツールなので、さまざまなリソースの作成や一覧表示、詳細表示、変更、削除などの操作を、直感的に行えます。またコスト管理（Azure Cost Management）やユーザー・グループの管理（Azure Active Directory）、メトリックやログの表示（Azure Monitor）、リソースのセキュリティの監視・保護（Azure Security Center）、サポートへの問い合わせ（ヘルプとサポート）なども、Azure portal上から利用できます。

- **Azure portal**
  https://portal.azure.com/

Azure portalには、Webブラウザでアクセスします。まだサインインしていない状態でアクセスした場合は、ここでMicrosoft Azureのサインイン画面が表示されます。その際は、Azureアカウントを作成したときのMicrosoftアカウントでサインインします。

なお、Azure Active Directoryについては、第13節で詳しく解説します。

Azure portalでVMを操作する

ここでは、Azure portalでの操作例として、AzureのVirtual Machines（VM）というサービスの操作方法を説明します。このサービスは、WindowsやLinuxの仮想マシンを作成できるものです。VMを作成するには、Azure portalで「Virtual Machines」を選択し、「作成」ボタンをクリックします。

続いて、サブスクリプションやリソースグループ、名前といった、VMの作成に必要な情報を選択または入力します。最後に「作成」ボタンをクリックすると、VMが作成されます。

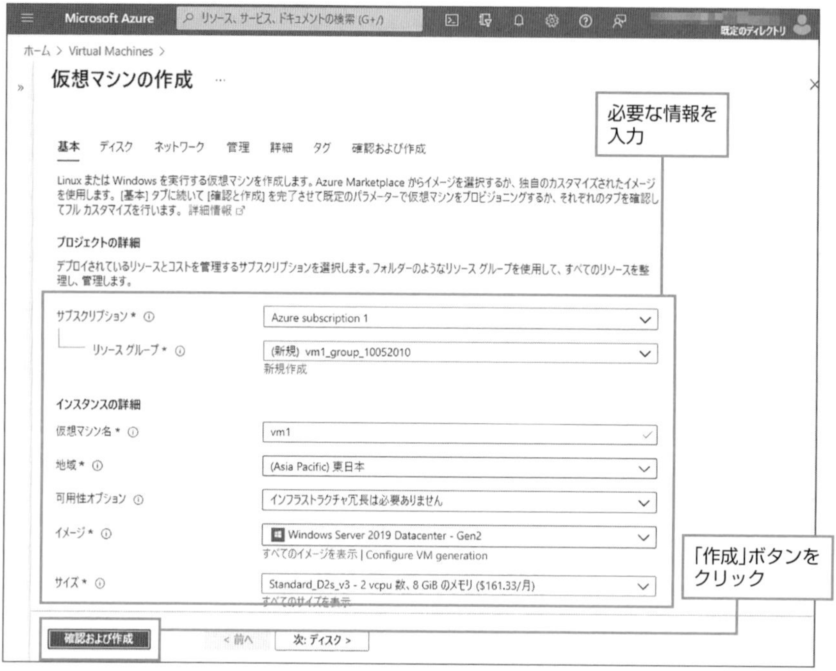

作成が完了すると、VMの一覧画面で、作成したVMを確認できます。

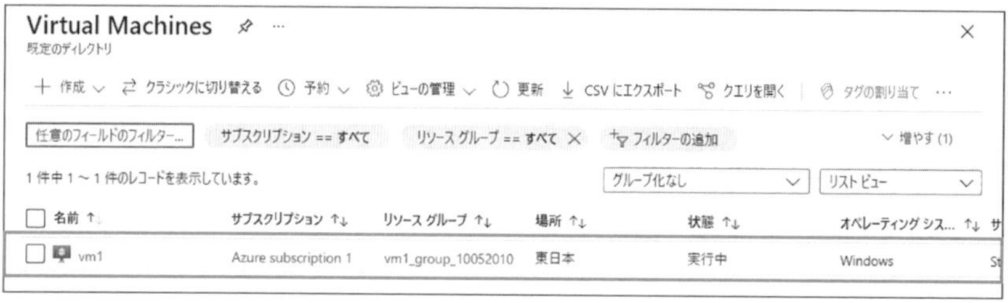

一覧画面でVMをクリックすると、そのVMの詳細な情報を表示したり、設定を変更したりできる画面が表示されます。

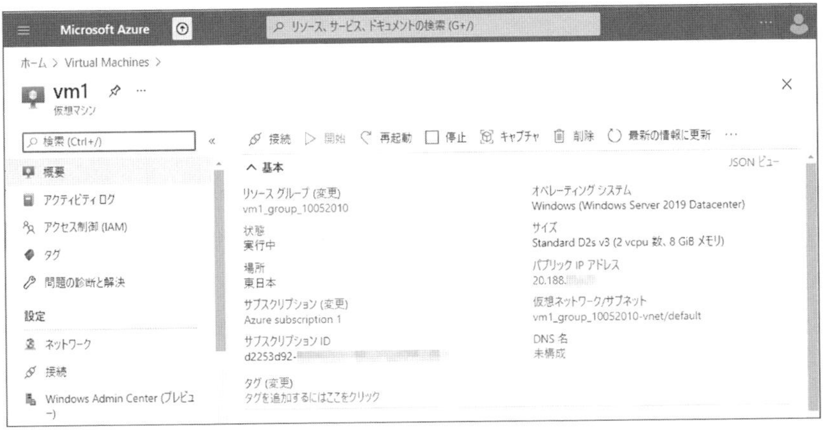

VMが不要になった場合は、削除することができます。VMを作成した際、ディスクやネットワークインターフェースカードといった、付随するいくつかのリソースもあわせて作成されますが、これらを含む「リソースグループ」というまとまりごと削除することも可能です。

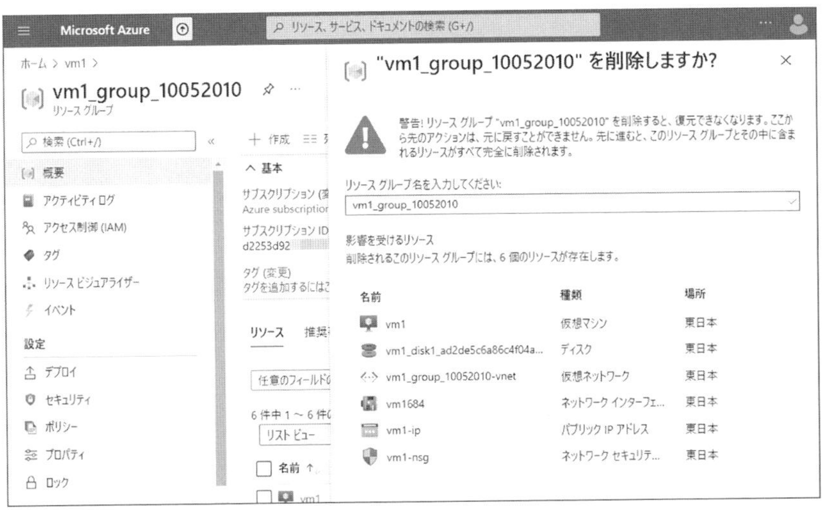

なお、リソースを操作する各画面は**ブレード**と呼びます。

コマンドによる操作

次は、コマンドでの操作について紹介します。コマンドを使うと、Azureリソースの作成・変更・削除・情報の取得などを実行できます。また、コマンドの操作をスクリプト化（ファイルに記述）し、Azureの定型的な操作を自動化することも可能です。そのため、Azure portalとコマンドの使い分けとしては、たとえば、1回だけ実行すれば済むような操作はAzure portalで実行し、複数回実行する操作はスクリプト化してコマンド実行する、などが考えられます。

○ Cloud Shell

コマンドを実行する最も簡単な方法は、Azure portal内で**Cloud Shell**を利用することです。Cloud Shellは、Azure portal上で利用できるCUI（キャラクタユーザーインターフェース）です。ローカル環境へのコマンドの事前インストールや、使用前のサインインをすることなく、Webブラウザ上で利用できます。Cloud Shellは無料で利用できますが、この環境が利用するストレージアカウント（P.112参照）が必要であり、そこにごくわずかなコストはかかります。

Cloud Shellを起動する際は、使用するシェルの種類として「PowerShell」または「Bash」を選択します。

「PowerShell」または「Bash」を選択する

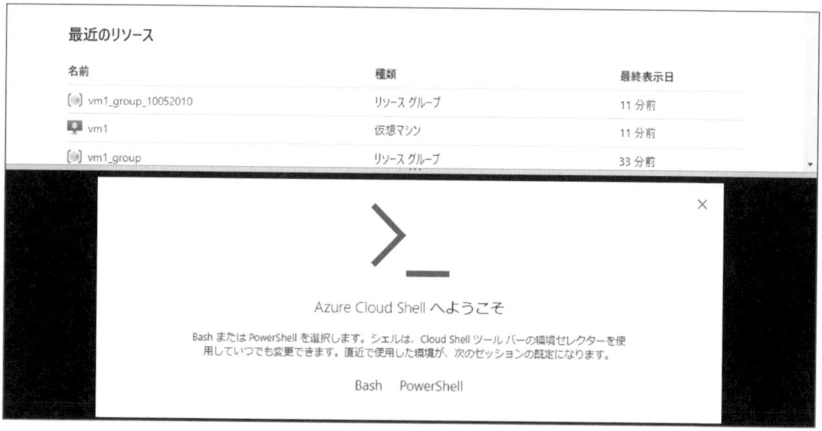

Cloud Shellが起動すると、次のような画面になります。

Cloud Shellの起動

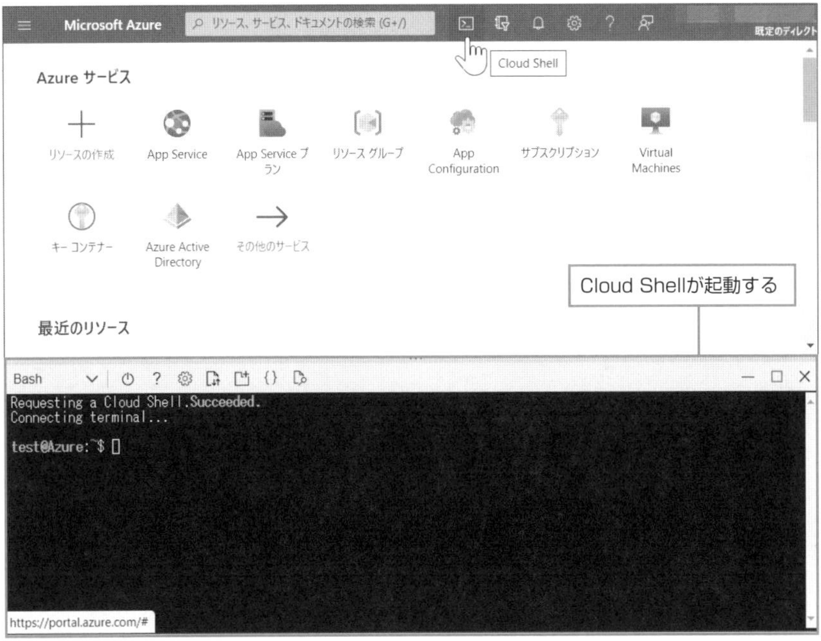

Azure portalでCloud Shellを起動すると、すぐにコマンドによる操作を行えます。入力したコマンドは、Azure上で実行されます。そして必要に応じて、BashまたはPowerShellに切り替えて利用します。

○ Cloud Shellに組み込まれているモジュールやコマンド

Cloud Shellには、**Azure PowerShell**や**Azure CLI**といったものが、あらかじめ組み込まれています。

Azure PowerShellとAzure CLI

名称	概要
Azure PowerShell	Azureを操作するためのPowerShell用モジュール。PowerShellに慣れている人は、Cloud ShellでPowerShellを起動し、Azure PowerShellを使用するとよい
Azure CLI	Azureを操作するためのコマンドを提供する。Linuxのコマンド操作に慣れている人は、Cloud ShellでBashを起動し、Azure CLIを使用するとよい

例として、VMを操作するコマンドを紹介しましょう。

VMを操作する主なコマンド

Azure PowerShell	Azure CLI	概要
New-AzVM	az vm create	VMを作成
Get-AzVM	az vm show az vm list	VMの情報を取得
Update-AzVM	az vm update	VMを更新
Remove-AzVM	az vm delete	VMを削除

このように、Azure PowerShellとAzure CLIではどちらも共通する操作を提供しますが、その際に使用するコマンドは異なります。また、実際にコマンドを実行する場合には、リソースグループやリージョン、VMの名前、イメージといった情報を引数で指定します。

またCloud Shellには、Azure PowerShellやAzure CLIだけではなく、リソース管理でよく使われるコマンド（AzCopy、Azure Functions Core Toolsなど）や、アプリケーション開発でよく使用されるコマンド（git、docker、kubectlなど）、主な構成管理ツールのクライアント（ansible-playbook、terraformなど）も組み込まれています。簡易的なテキストエディタも組み込まれているので、スクリプトや設定ファイルなどをその場ですばやく編集できます。

Cloud Shellでテキストでエディタを起動

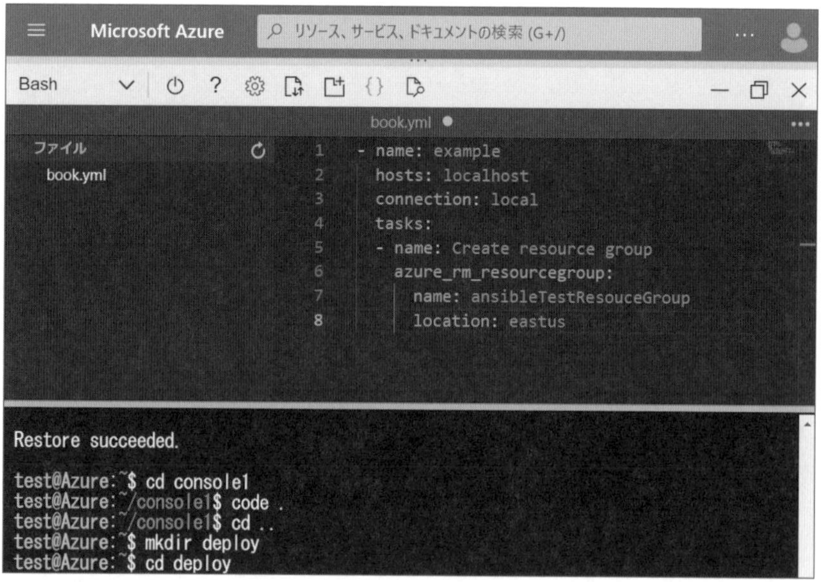

また、viやemacsなどのエディタも利用できるので、経験者にはこれらのほうが便利でしょう。

Column

ローカルからAzureを操作するには

Azure PowerShellやAzure CLIは、ローカル(Windows・macOS・Linuxなどのコンピュータ)にインストールすることも可能です。インストールすると、Azure portalではなくローカルのコンピュータ上でコマンドを使用して、Azureを操作できます。

Azure PowerShellは、PowerShellが利用できる環境に**Azure PowerShell Azモジュール**をインストールすると、使えるようになります。なお、PowerShell自体は、Windowsでは標準で利用でき、macOSやLinuxでは、別途インストールすることで利用可能です。

Azure CLIは、PowerShellがない環境でも、インストールして使用できます。

- **Azure PowerShell ドキュメント**
  https://docs.microsoft.com/ja-jp/powershell/azure/
- **Azure CLI ドキュメント**
  https://docs.microsoft.com/ja-jp/cli/azure/

Section 12

Azureのリソース管理

Azureの中に作り出すVMなどは「リソース」と呼ばれます。ここでは、Azureのリソース管理の基本を解説します。なお、Azureのリソース管理は、内部的には「Azure Resource Manager (ARM)」という管理レイヤーが使われています。このARMについては、第7章で解説します。

リソースとは

実際にAzureのサービスを利用するときに作られる、仮想的な部品のことを**リソース**と呼びます。たとえばパソコンは、本体やディスプレイ、キーボード、マウスといった物理的な部品で構成されていますが、Azureの世界では、VM、パブリックIPアドレス、ディスクといった仮想的な部品が使われます。この仮想的な部品が、リソースです。

リソースは必要に応じて、いつでも作成・削除ができます。作成や削除は、Azure portalやコマンドで行えます。また多くのリソースでは、そのリソースを配置するリージョンを指定します。

Azure portalでのリソースの作成

リソースをまとめる単位〜リソースグループ

リソースは、**リソースグループ**と呼ばれるグループの中に作成されます。1つのリソースグループには、複数のリソースを追加できます。リソースグループは、リソースと同じように、作成と削除が容易です。またリソースグループを削除すると、その中に含まれるすべてのリソースが同時に削除されます。そのためリソースグループに、関連する複数のリソースを入れておくと、それらをグループごとまとめて削除できるというメリットがあります。

リソースグループ・リソースの関係

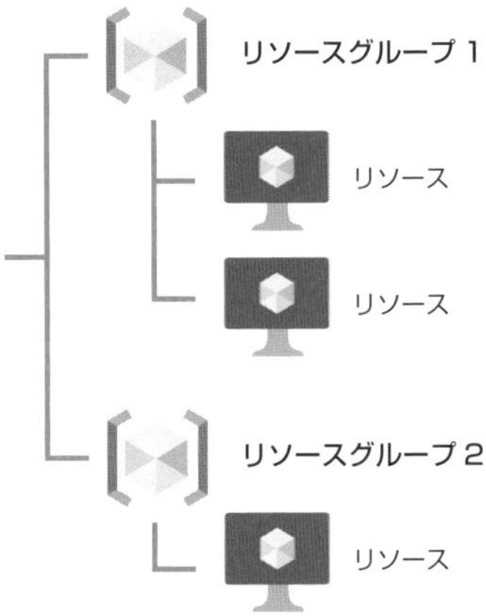

またリソースグループにも、リソースと同じように、リージョンを指定します。リソースグループに指定したリージョンは、そのリソースグループ内のリソースのメタデータ（名前などの情報）が記録されるリージョンとなります。リソースグループのリージョンと、その中のリソースのリージョンは、**必ずしも一致させる必要はありません。**

リソースグループの運用例

VMを例に取ると、1つのVMは、「VM(本体)」「ディスク」「ネットワークインターフェースカード」「パブリックIPアドレス」といった複数のリソースで構成されています。VMを削除する場合は、通常、これらのリソースをまとめて削除する必要があります。これらをリソースグループにまとめることで、削除がしやすくなります。

リソースグループにリソースをまとめる

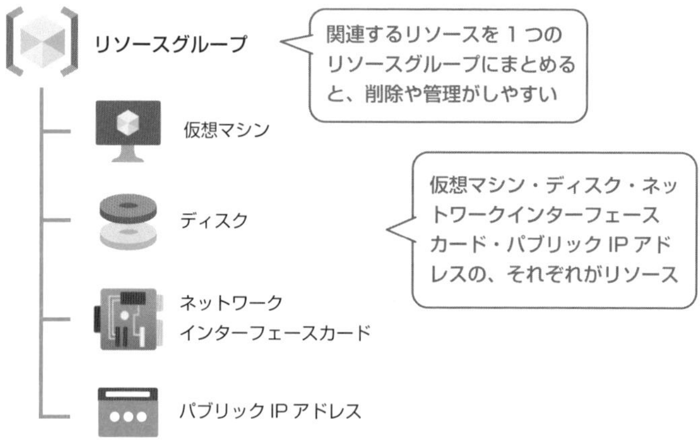
リソースグループ
関連するリソースを 1 つのリソースグループにまとめると、削除や管理がしやすい
仮想マシン
ディスク
ネットワーク
インターフェースカード
パブリック IP アドレス
仮想マシン・ディスク・ネットワークインターフェースカード・パブリック IP アドレスの、それぞれがリソース

VM間の通信や、VMとインターネット間で通信を行うには、VMをAzureの**仮想ネットワーク(Virtual Network)**というサービスに配置します。この仮想ネットワークも、リソースの一種です。たとえば、1つの仮想ネットワークを作り、そこに複数台のVMを作成したとしましょう。この場合、運用中に機能拡張などのために、VMの数を増減することが考えられます。これは、仮想ネットワークとVMの、増減のタイミングが異なることを表します。このように、**ライフサイクルが異なるリソースは、それぞれリソースグループを用意する**といいでしょう。

また、リソースグループやリソースに対し、「ロック」(削除や変更の禁止)を行うこともできます。

リソースのコストを管理するしくみ〜サブスクリプション

Azureのリソースとそのコストを管理するしくみとして、**サブスクリプション**があります。先ほど解説したリソースグループは、サブスクリプションの下に作成します。リソースのコストは、サブスクリプションごとに計上され、サブスクリプションに設定されている支払い方法（クレジットカードなど）で請求が行われます。

サブスクリプション・リソースグループ・リソースの関係は、次の図のようになります。

サブスクリプション・リソースグループ・リソースの関係

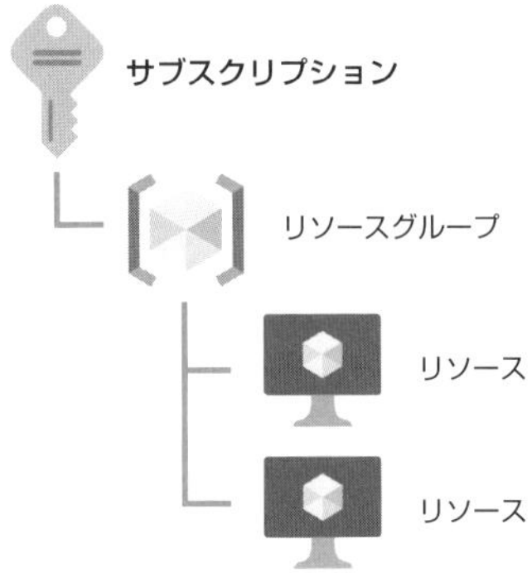

Azureを個人で利用する場合は、基本的には**無料試用版**か**従量課金制**のいずれかのサブスクリプションが使われます。

サブスクリプションの種類

種類	概要	課金
無料試用版	Azureに初めてサインアップすると、「無料試用版」サブスクリプションが作成される。無料試用が有効な期間中は、このサブスクリプションを使う	無料ではないリソースやサービスを使用すると、その料金は「Azureクレジット」から差し引かれる
従量課金制	無料試用の期間が終わったら、そのサブスクリプションを「従量課金制」サブスクリプションにアップグレードすると、Azureの利用を継続できる	アカウント作成時に登録したクレジットカードに料金の請求が行われる

Azureを企業などの組織で利用する場合は、コスト管理やセキュリティの観点から、複数のサブスクリプションを取得し、部署ごとやプロジェクトごとなどで使い分けることもあります。

企業や組織で、複数のサブスクリプションを使用する場合は、部署やプロジェクト、本番環境やテスト環境、といったように、多数のサブスクリプションを階層構造に整理して扱うと便利です。サブスクリプションを階層構造で整理するには、**管理グループ**を使います。たとえば、企業内の部署やプロジェクトを表す管理グループを作り、そこにサブスクリプションを移動させるといったことが可能です。

管理グループでサブスクリプションを整理

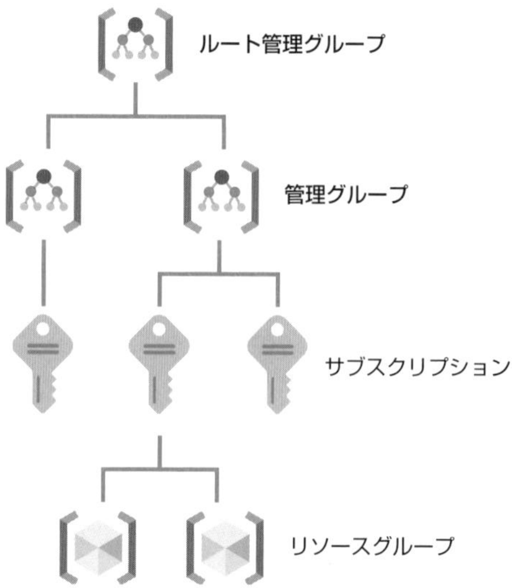

このようにAzureでは、リソースを管理するために、管理グループ、サブスクリプション、リソースグループ、リソースという４つの階層が用意されています。Azureではこの４つの階層を**スコープ**と呼びます。各スコープでは、ユーザーに対し、リソースの作成や閲覧といった権限を割り当てることができます。権限の割り当ては下位のスコープへと継承されます。

リソース作成の基本的な流れ

リソースを作成する場合はまず、サブスクリプションを選択します。リソースのコストは、このサブスクリプションに計上されます。そして、サブスクリプションの下にリソースグループを作り、そのあとに、リソースグループの下にリソースを作成します。

リソース作成の基本的な流れ

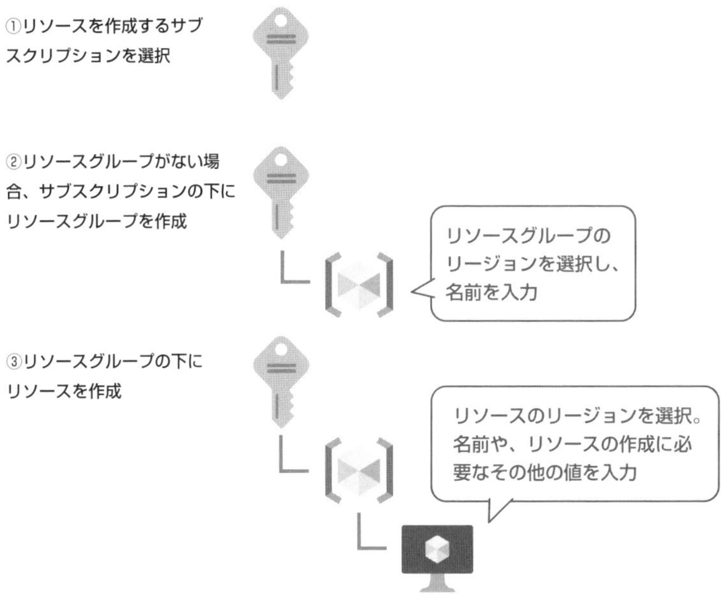
①リソースを作成するサブスクリプションを選択
②リソースグループがない場合、サブスクリプションの下にリソースグループを作成
リソースグループのリージョンを選択し、名前を入力
③リソースグループの下にリソースを作成
リソースのリージョンを選択。名前や、リソースの作成に必要なその他の値を入力

Section 13

Azureのユーザー管理

Azureのユーザー管理は、Azure Active Directoryというしくみのもとで行われます。ここでは、Azure Active Directoryと、テナントやディレクトリといった基本的な用語、サブスクリプションとの関係などについて説明します。なお、個人でAzureを利用するユーザーの場合は、本節で説明するテナント管理やユーザー管理に関する学習はスキップしても問題ありません。あとで必要になった際に改めて学習してもよいでしょう。

Azure Active Directoryとは

Azure Active Directory(以降、Azure AD)は、マイクロソフトが提供する、クラウドベースのIDおよびアクセス管理サービスです。Azure ADを使うと、ユーザーなどのID(Identity)を一元的に管理したり、そのユーザーのサインイン方法を制御したりすることができます。またAzureのユーザーがAzure portalなどにアクセスする際は、**Azure ADへのサインインが必要**です。

Azure ADは、Azure専用のサービスというわけではありません。そのため、Azure ADのユーザーはAzure ADにサインインすることで、Azureだけではなく、Microsoft 365や、そのほかのさまざまなクラウドアプリケーションにもアクセスできます。このように、1つのユーザー認証で独立した複数のアプリケーションにアクセスできるようにするしくみは、シングルサインオンといいます。

Azure ADでのシングルサインオン

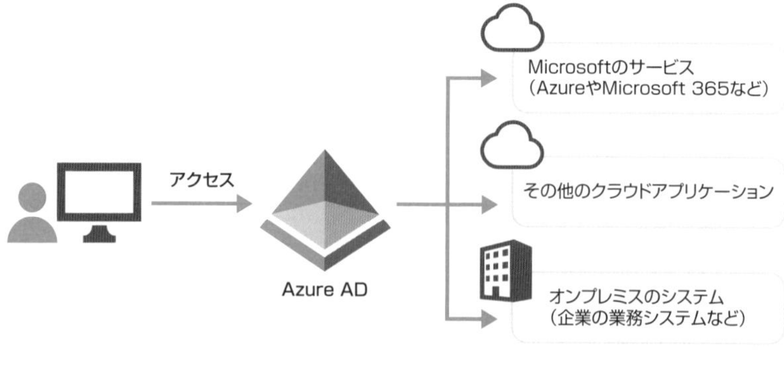

Azure ADは、Azure portalやコマンドで操作します。Azure portalで操作する場合は、以下のような画面になります。

Azure ADの画面

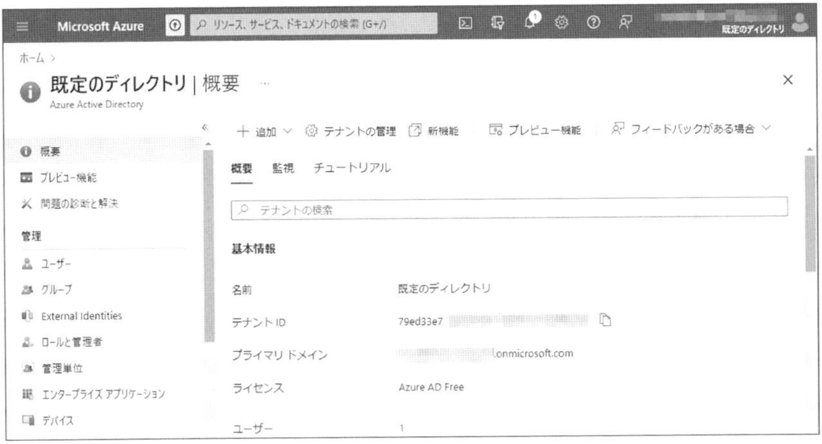

テナントとディレクトリ

Azure ADでは組織（企業など）ごとに、その組織を表す**テナント**が作成されます。Azureを個人で利用する場合も、その個人用のテナントが作成されます。テナント内には、専用の**ディレクトリ**が1つ作成されます。ディレクトリは、ユーザーなどを管理するものです。テナントに対してディレクトリは1対1で存在するので、本書ではこれ以降、テナントとディレクトリを特に区別せず、「テナント」と表記します。

テナントとサブスクリプションの関係

Azureのサインアップが完了すると、Azureの新しいサブスクリプション（無料試用版）が作成されます。また、Azure ADの新しいテナントが作られ、サインアップを行ったユーザーが、そのテナントに最初のユーザーとして登録されます。

サブスクリプションは、テナントに関連付けられます。1つのテナントでは複数のAzureサブスクリプションを利用することもできます。

テナントとサブスクリプションの関係

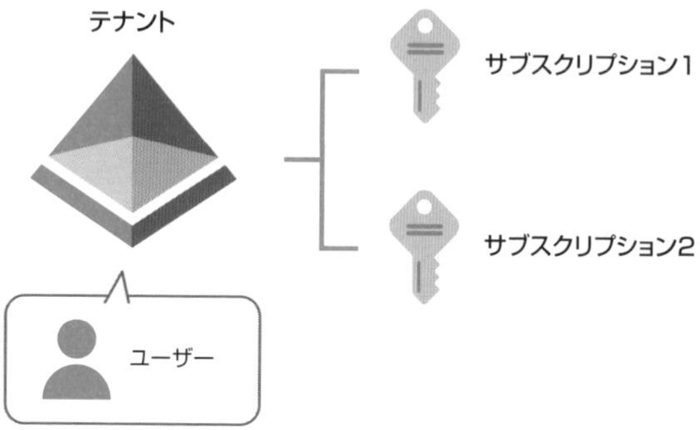

ユーザーは、Azure ADでサインインを済ませると、自分が属するテナントに関連付けられたサブスクリプションを利用できます。つまりそのユーザーは、**サブスクリプション以下のリソースグループやリソースを操作できる**ということです。

初期ドメインとカスタムドメイン

作成されたテナントには、**初期ドメイン**が設定されます。これは「example.onmicrosoft.com」といった名前のことです。「example」の部分は、テナントごとに異なる文字列になります。初期ドメインは、変更・削除ができません。

テナントには**カスタムドメイン**を追加できます。たとえば「contoso.com」というドメインを取得済みの場合、それをカスタムドメインとしてテナントに追加すると、初期ドメインの代わりにそのドメインを使用可能です。

たとえば、あるテナントに「yamada」というユーザーを追加したとします。この場合、ユーザーがサインインするときに使用するIDは「yamada@ドメイン」という形式になります。「ドメイン」は、このテナントの初期ドメインまたはカスタムドメインです。これはAzure ADで使われるユーザーの表記方法であり、**User Principal Name (UPN)** と呼びます。

初期ドメインを使用する場合は、Azure ADのユーザーのUPNは「yamada@example.onmicrosoft.com」といった値になります。初期ドメインが覚えにくい場合は、カスタムドメインを使いましょう。カスタムドメインを追加すると、UPNは「yamada@contoso.com」といった覚えやすい値になります。

初期ドメインとカスタムドメイン

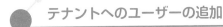

UPN(初期ドメインの場合)	UPN(カスタムドメインの場合)
yamada@example.onmicrosoft.com	yamada@contoso.com

(example：テナントごとに異なる文字列)

テナントへのユーザーの追加

テナントに、追加のユーザーを作成することも可能です。これにより、1つのAzureアカウント(のサブスクリプション)を、複数のユーザーで共同利用することができます。Azure portalでテナントにユーザーを追加する際の手順は、以下のようになります。

①Azure portalで、Azure ADにアクセスします。
②ユーザーのブレードで「ユーザーの追加」を行います。ここで、ユーザー名と、初期パスワードを指定します。
③この追加されたユーザーを使用する人へ、UPN(ユーザー名@ドメイン)と、初期パスワードを連絡します。

テナントに追加されたユーザーがサインインする際は、以下のような手順になります。

①Azure portalにアクセスします。
②UPN(ユーザー名@ドメイン)と、初期パスワードを入力します。
③画面の指示に従って、初期パスワードを変更します。
④サインインが完了し、Azure portalが表示されます。

Section 14

Azureのロールとポリシー

ここでは、Azureのロールとポリシーについて説明します。簡単に言えば、**ロール**はユーザーに対して権限を与えるしくみ、**ポリシー**はリソースに対する要件（ルール）を定めるしくみです。どちらのしくみも、スコープ（P.52で解説済み。管理グループ、サブスクリプション、リソースグループ、リソースのこと）と関係があります。

Azureのロール

現実の世界では、たとえば会社に行けば「係長」、自宅に帰れば「子供の親」といったように、一人の人間が、場所に応じて、さまざまな役割（ロール）を持ちます。そして、役割に応じた何らかの仕事を行います（あるいは特権を使います）。Azureの世界でも同様で、ユーザーは、サブスクリプションやリソースグループといった場所（スコープ）において、ロールが割り当てられると、その**ロールに応じたリソースの操作が可能**となります。Azureのロールのしくみは、**Azure RBAC（Role-based Access Control）**と呼ばれています。

Azureにはたくさんの組み込みロールが定義されていますが、その中でも最も基本的な4つを説明します。

基本的なAzureのロール

ロール	可能な操作
Owner（所有者）	リソースのフルアクセス、アクセスの委任
Contributor（共同作成者）	リソースの作成と管理
Reader（閲覧者）	リソースの表示
User Access Administrator（ユーザーアクセス管理者）	リソースに対するユーザーアクセスを管理

ロールの使用例をいくつか示します。

ロールの使用例①

あるサブスクリプションにおいて、あるユーザーにOwnerロールを割り当てると、そのユーザーは、そのサブスクリプション以下で、リソースのフルアクセス（読み取り、作成、変更、削除）が可能となります。また、そのサブスクリプション以下で、ほかのユーザーへのロールの割り当てが可能となります（アクセスの委任）。

ロールの使用例②

あるリソースグループにおいて、あるユーザーにContributorロールを割り当てると、そのユーザーは、そのリソースグループ以下で、リソースの作成と管理（読み取り、変更、削除）が可能となります。

Contributorロールの利用例（②のパターン）

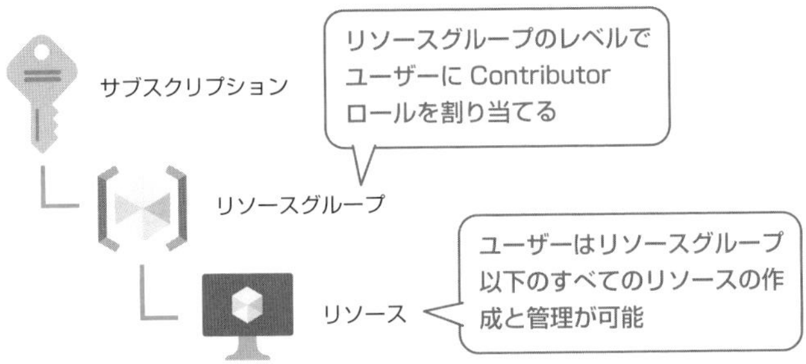

ロールの使用例③

ある管理グループで、あるユーザーに、Readerロールを割り当てると、そのユーザーは、その管理グループ以下のすべてのサブスクリプションのリソースの読み取りが可能となります。

ロールの使用例④

あるリソースで、あるユーザーに、User Access Administratorロールを割り当てると、そのユーザーは、そのリソースについて、ほかのユーザーへロールを割り当てることが可能となります。

基本的に、ロールを割り当てる際は、最小権限の原則（ユーザーに不要な権限を与えない）に基づき、**できるだけ狭いスコープで、できるだけ小さい権限を持ったロールをユーザーに割り当てる**ようにします。ロールについて詳しくは、以下のドキュメントを参照してください。

- **Azure ロールベースのアクセス制御（Azure RBAC）とは**
  https://docs.microsoft.com/ja-jp/azure/role-based-access-control/overview

Azureのポリシー

特に組織としてAzureを利用する際は、Azureの利用に関して一定のポリシー（要件）を定め、ポリシーに従ってリソースが作成されていることを確実にする必要があります。いくつか例を示します。

- **すべてのリソースが、許可されたリージョン以下に作られていること**
- **すべてのリソースに、プロジェクト名を表す「タグ」が付与されていること**
- **すべての仮想マシンが、許可されたサイズ（スペック）であること**
- **明示的に許可されていない種類のリソースは作成されないこと**

このようなポリシーは、**Azure Policy**として実装することができます。ロールと同様、Azureには多数の組み込みポリシーが用意されています。上記の要件は、以下の組み込みポリシーを、管理グループやサブスクリプションなどのスコープに割り当てることで実現できます。

- **許可されている場所**
- **リソースでタグを必須にする**
- **許可されている仮想マシン サイズSKU**
- **使用できるリソースの種類**

たとえば、あるサブスクリプションにおいて、「許可されている場所」ポリシーを割り当て、そのパラメータとして、東日本リージョンを指定します。すると、そのサブスクリプション以下では、東日本リージョン以外のリージョンを指定してリソースを新規に作成することはできなくなります。また、ポリシー定義前から存在する東日本リージョン以外のリソースがある場合、コンプライアンスに準拠していないリソースとして報告されるので、そのリソースを削除して、東日本リージョンに再作成するなどを行ないます。このようにして、そのサブスクリプション以下のすべてのリソースが、許可したリージョンにのみ存在することを確実にできます。

ポリシーの使用例

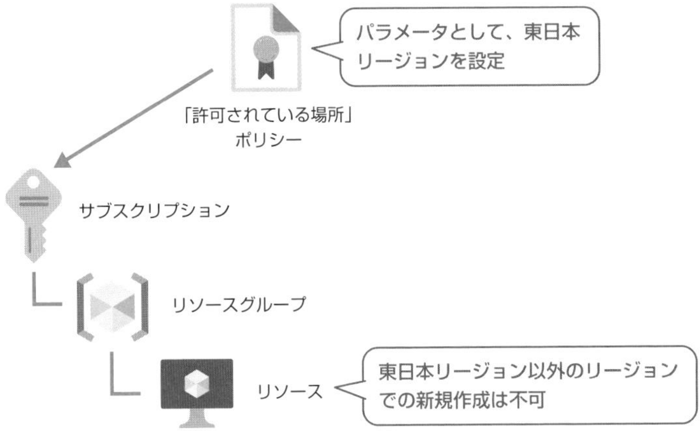

ポリシーについて詳しくは、以下のドキュメントを参照してください。

- **Azure Policyとは**
  https://docs.microsoft.com/ja-jp/azure/governance/policy/overview

Section 15

Azureのコスト管理

Azureのコスト（料金）は、基本的には使った分だけを払う従量課金制です。Azureでは、コストの見積もりや、かかったコストを可視化するツールが提供されています。想定外の料金が発生することを避けるためにも、これらのツールを活用するといいでしょう。

Azureの料金は従量課金制

無料で使用できる範囲を除き、Azureのリソースには基本的に従量制で料金が発生します。利用した分だけ払えばいいので、まずは最低限のリソースを作成し、必要に応じてリソースを追加するといった使い方が可能です。コストの算出方法はサービスによって異なります。いくつか例を紹介します。

コストの算出方法

サービス	コスト
VM	実行時間（分単位）に比例したコストがかかる。選択したサイズ（性能）により、分あたりのコストは異なる。有償のOS（Windows Server、RHELなど）を使用する場合は、ライセンスのコストもかかる。VMが使用するディスクについては、種類や、プロビジョニングされたサイズに応じたコストがかかる
ストレージ	保存したデータ容量（GB単位）に比例したコストがかかる。また、書き込み、読み込み、一覧などの操作の回数に比例したコストもかかる
帯域幅	インターネットエグレス（Azureからインターネットへの送信）のデータ量に比例したコストがかかる。また、可用性ゾーン間のデータ転送量に比例したコストもかかる

コストの見積もりを行うには

Azureの料金は従量制です。必要に応じてリソースを利用し、その使った分に応じて料金が発生するので、コストを最適化しやすいというメリットがあります。ここで最適化とは、需要の増減にあわせて、仮想マシンなどのリソースを増減させ、需要とコストを一致させることを表します。

ただし、どのぐらい料金が発生するのか見通しがしづらい点や、想定より料金が発生する可能性がある点は、デメリットともいえるでしょう。Azureでは、そのような点を解消するために、コストの見積もりを行えるツールが提供されています。

○ 料金計算ツール

具体的なコストを見積もりたい場合は、Azureの料金計算ツールを使用します。このツールでは、使用する予定のリソース情報（サービス、リージョン、VMのサイズ、ストレージの容量、データ転送量など）を入力すると、1ヶ月分のコストが計算・表示されます。

- **料金計算ツール**
  https://azure.microsoft.com/ja-jp/pricing/calculator/

料金計算ツール

◯ 総保有コスト(TCO)計算ツール

オンプレミスのワークロード（サーバーやデータベース、ストレージ、ネットワーク）をAzureに移行した場合のコストを見積もりたい場合は、**総保有コスト（TCO）計算ツール**を使用します。たとえば、オンプレミスで運用しているサーバーの台数などを入力すると、そのワークロードを５年間、オンプレミスで運用した場合とAzureで運用した場合の、推定コストが計算されます。また、Azureに移行することで削減できる推定額も表示されます。

- **総保有コスト（TCO）計算ツール**
  https://azure.microsoft.com/ja-jp/pricing/tco/calculator/

総保有コスト(TCO)計算ツール

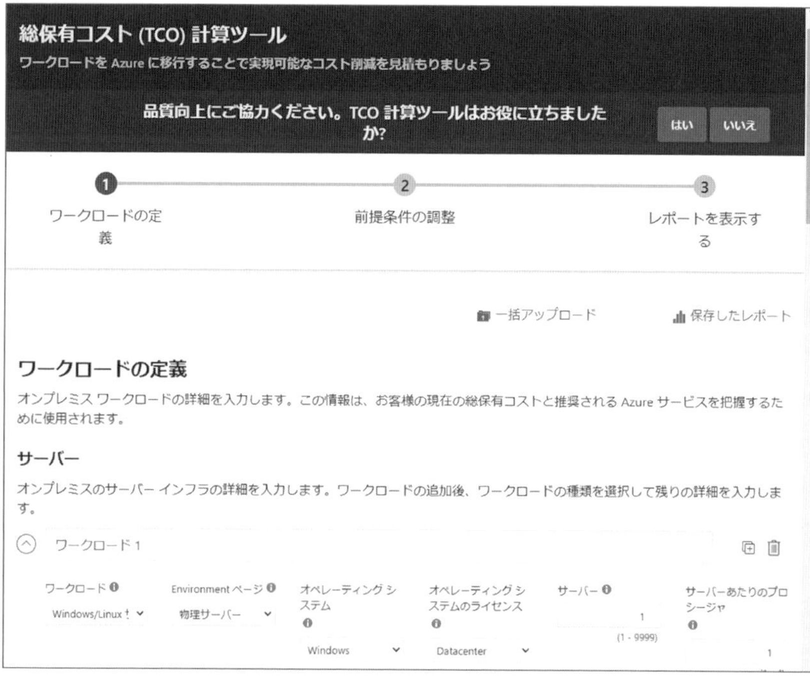

◯ リソースの作成（変更）画面

各リソースの作成画面でも、料金の目安が表示される場合があります。たとえば、VMのサイズ選択画面では各サイズのコストが表示されるので、どのサイズやオプションを選択するかの参考にするといいでしょう。

各サイズのコストが表示される

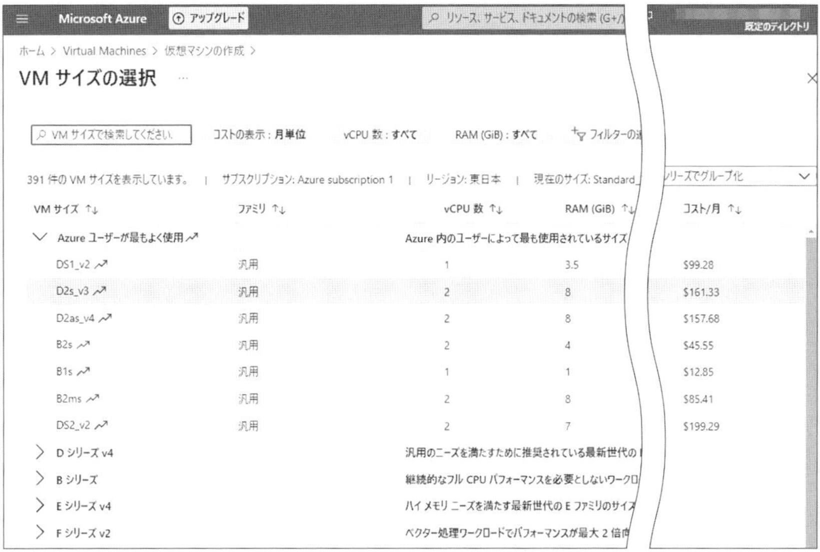

コスト管理（Azure Cost Management）

次は、コスト管理を行う方法を紹介します。Azureのサブスクリプションについて、以下のコスト管理機能を利用できます。

◯ コスト分析

1ヶ月間（または、指定した範囲の期間）におけるコストを、「コスト分析」にある累積グラフで確認できます。月末の予想コストも表示され、さらに、サービス別・ロケーション（リージョン）別・リソースグループ別のコスト分析を、円グラフで確認することもできます。円グラフをクリックすると、その内訳が表示されます。

累積グラフ

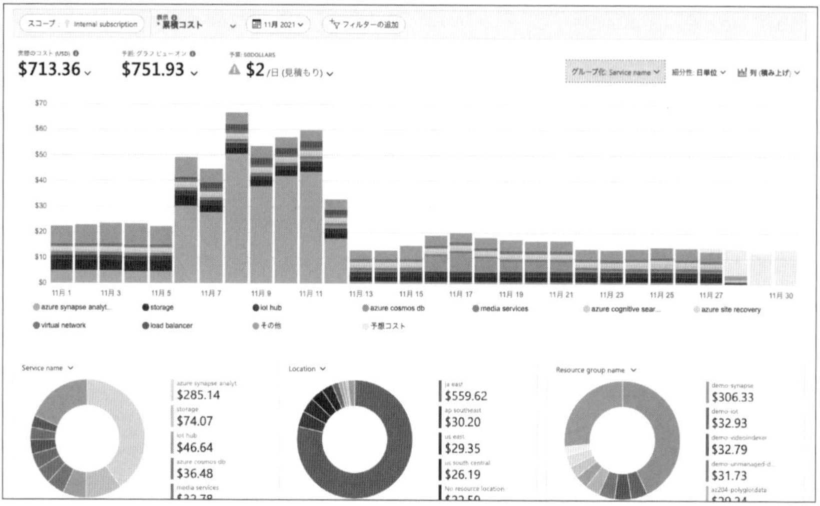

○ 予算の設定

月、四半期、年などの単位で、「予算」を作成できます。また、**「予算」に対して通知（アラート）も設定できます**。たとえば、月末時点のコストが「予算」の100%を超えると予測される際に、管理者にメールで警告するといった設定を行えます。このようにコストを監視することで、予定外のコストが発生しないようにします。

「予算」の作成

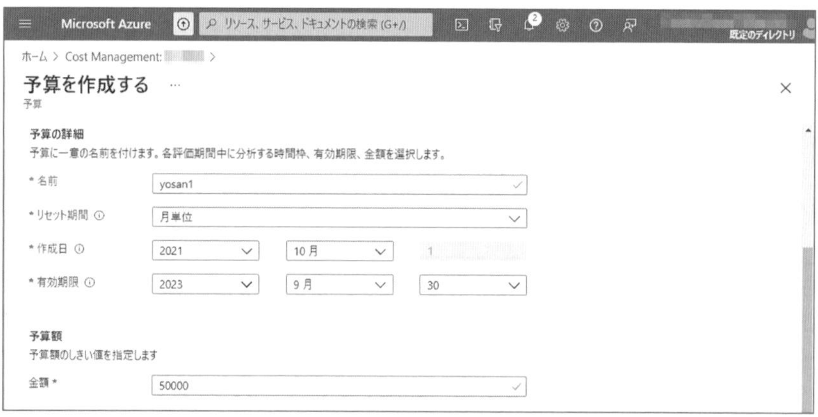

◯ アドバイザーの推奨事項

「アドバイザーの推奨事項」は、アイドル状態にあるリソースや活用されていないリソースを識別し、推奨事項を表示する機能です。推奨事項に従って、使われていないリソースを停止、または削除することで、コストの削減を実現します。

アドバイザーの推奨事項

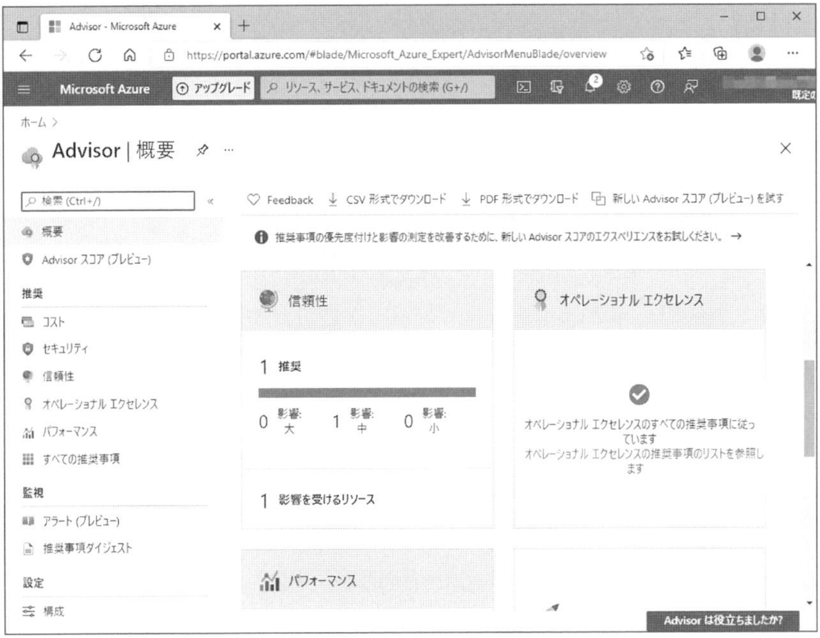

コストを最適化するには

ここまで紹介した方法以外にも、コストを最適化する方法がいくつかあるので、紹介しましょう。

コストを最適化する方法

コストを最適化する方法	概要
使用率の低いリソースを適切なサイズに変更する	たとえばVMのサイズが大きすぎて、使用率が低い（性能を使い切れていない）といった場合は、サイズを小さいものに変更する。Azure Monitor（P.240参照）を使用すれば、VMのCPU使用率などの状況を監視可能
「予約」の活用	Azureで長期間に渡りリソースを利用する予定がある場合は、「予約」を購入すると、その「予約」に該当するリソースの利用時に割引が適用され、コストを大幅に節約できる
Azureハイブリッド特典の活用	既存のオンプレミスのWindows ServerとSQL Serverのライセンスをクラウドで使用すると、Azureのコストを大幅に削減できる
自動スケールの構成	仮想マシンスケールセット（P.78参照）を活用して、トラフィックに応じてスケールアウト・スケールイン（VM台数の増減）が行われるように設定する
適切なAzureコンピューティングサービスの選択	AzureのVM、Azure Functions、Azure App Service、Azure Container Instances、Azure Kubernetes Serviceなど、さまざまなコンピューティングサービスの中から、ワークロードに適したサービスを選択することで、コストを最適化

なお、Azureの公式サイトでは、このような、コストを最適化するための方法が紹介されています。以下のページもあわせて参考にするといいでしょう。

- **Azureコストの最適化**
  https://azure.microsoft.com/ja-jp/overview/cost-optimization/#ways-to-optimize

Chapter 3

アプリケーションやコードの運用

本章では、Azureで、アプリケーションやコード（プログラム）を運用する「コンピューティング」のサービスについて解説します。実現したい処理やサーバーの運用コストなどにあわせて、さまざまなサービスが提供されています。

Section 16

仮想マシンの運用 ~Azure Virtual Machines

Azureには、アプリケーションを構築するための、さまざまなコンピューティングサービスが用意されています。ここではまず、Azure Virtual Machinesというコンピューティングサービスを紹介しましょう。

Azure Virtual Machinesとは

Azureの**仮想マシン（Azure Virtual Machines。以降、VM）**を使用すると、さまざまなサーバーやアプリケーションをVM上で運用できます。VMの性能やOS、ネットワーク、アプリケーションなどを利用者がコントロール可能なので、さまざまな用途で使用できるサービスです。オンプレミスの物理／仮想マシンの移行先としてや開発タスクの実行用、あるいは一時的な検証用としての活用も考えられます。VMを起動したら、VMの管理者はRDP（リモートデスクトッププロトコル）やSSH（Secure Shell）で接続して、アプリケーションのインストールなどの操作を行います。またエンドユーザーは、VM上で稼働しているアプリケーションにアクセスすることができます。

VMへのアクセス

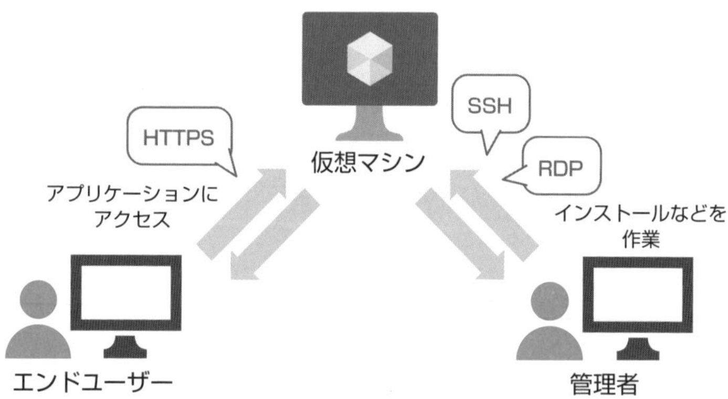

VMを使い始めるには

VMは、Azure portalやコマンドから作成できます。P.41でVMの作成手順や、VMの作成時には、サブスクリプションやリソースグループ、名前といった情報を入力する必要があることを述べましたが、ほかにも、イメージやサイズといった項目の入力も必要です。これらの項目について、以降、順番に紹介していきます。なおVMを作成する際は、ディスクやネットワークインターフェースカード（NIC）、IPアドレスといった、VMに必要なリソースもあわせて作成されます。

VMとあわせて作られるリソース

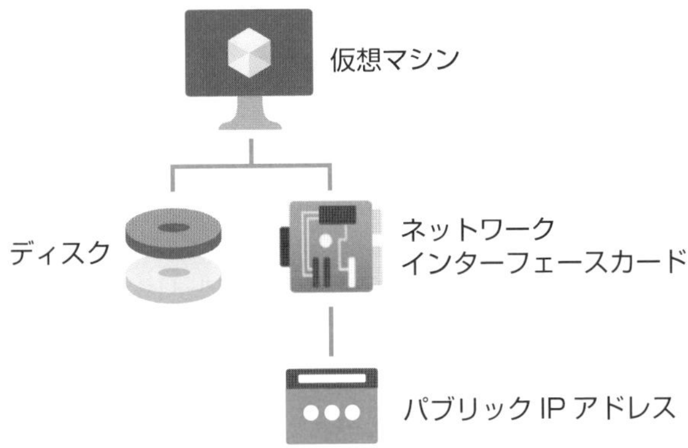

VMで使用するOSは「イメージ」で決まる

VMを作成する際は、**イメージ**を選択する必要があります。このイメージによってVMで使用するOSが決まるので、OSのインストール作業自体は不要です。イメージは、CentOSやRed HatなどのLinux系をはじめ、Windows ServerやSQL Serverなどが事前に用意されています。Azure portalのVM作成画面では、次のイメージを選択できます。

- Ubuntu Server
- SUSE Enterprise Linux
- Red Hat Enterprise Linux
- Oracle Linux
- Debian

- CentOS
- Windows Server 2016／2019／2022 Datacenter
- Windows 10 Pro

VM作成画面で「すべてのイメージを表示」をクリックすると、Marketplaceが表示され、SQL Serverを組み込んだWindows Serverなど、さらに多くのイメージを検索できます。Marketplaceには、マイクロソフトやパートナーが提供する、OS、アプリケーション、データベース、ネットワーキング、セキュリティ、開発者ツールなど、さまざまなソフトウェアがVMイメージとして登録されており、ソフトウェアをすばやくAzureにデプロイして利用できます。

VMのスペックを決める「サイズ」

VMのvCPU（仮想CPU）やメモリなどのスペックは、サイズによって決まります。VMを起動する際にいずれかのサイズを指定しますが、VMを運用しつつ必要に応じてあとからサイズを変更することも可能です。サイズはタイプとシリーズによって分類されているので、まずは、VMのワークロードに応じた「タイプ」を選びます。

タイプとシリーズによるサイズの分類

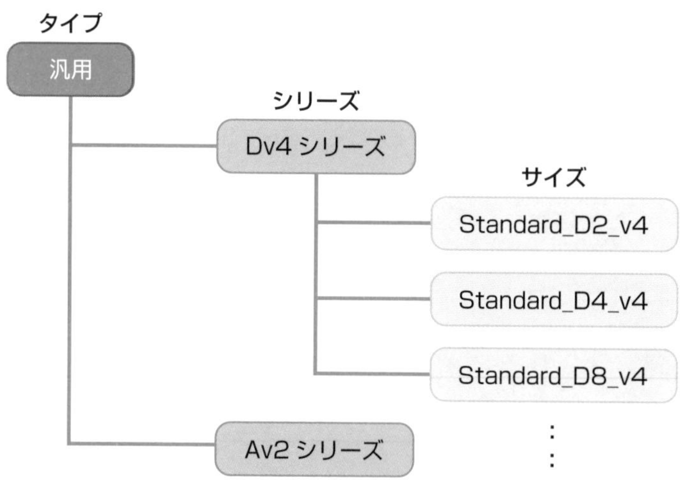

VMのタイプは、以下のものがあります。

VMのタイプ

タイプ	適するワークロード
汎用	テストと開発、小〜中規模のデータベース、および低〜中程度のトラフィックのWebサーバー
コンピューティング最適化	中程度のトラフィックのWebサーバー、ネットワークアプライアンス、バッチプロセス、およびアプリケーションサーバー
メモリ最適化	リレーショナルデータベースサーバー、中規模から大規模のキャッシュ、インメモリ分析
ストレージ最適化	ビッグデータ（従来のデータベースでは管理できないほど巨大なデータのこと）、SQL、NoSQLデータベース、データウェアハウス、および大規模なトランザクションデータベース
GPU最適化	コンピューティング処理やグラフィック処理の負荷が高い視覚化ワークロード
FPGA最適化	機械学習や推論などのワークロード
ハイパフォーマンスコンピューティング	大規模なシミュレーションなど

次は「シリーズ」を選びます。「汎用」タイプには、例として、以下のようなシリーズが含まれます。

「汎用」タイプのシリーズ例

シリーズ	概要
Av2シリーズ	開発とテストのような、エントリレベルのワークロード
Bシリーズ	CPUが常時最大限のパフォーマンスを発揮する必要のないワークロード
Dv4シリーズ	ほとんどの運用環境のワークロードに適したvCPU、メモリ、およびリモートストレージオプションの組み合わせ

最後に、そのシリーズの中で「サイズ」を選びます。次の表は「Dv4シリーズ」のサイズの一例です。

「Dv4シリーズ」のサイズ例

サイズ	vCPU	メモリ(GiB)
Standard_D2_v4	2	8
Standard_D4_v4	4	16
Standard_D8_v4	8	32

VMのディスク

VMを運用する際、**OSディスク**が必要です。ほかに**データディスク**や**一時ディスク**という役割のディスクも利用可能です。選択したサイズにより、データディスクの最大数や、一時ディスクの容量が決まります。

ディスクの役割

ディスクの役割	概要
OSディスク	VM起動時に選択したイメージのOSが含まれる
データディスク	利用者が開発したアプリケーションやデータを格納するディスク。1つのVMに、0個以上のデータディスクをアタッチ（接続）できる。データディスクを利用しない場合は、OSディスクの空き領域に、アプリケーションやデータを配置する
一時ディスク	アプリケーションやプロセスのために短期間の保存場所を提供するものであり、ページやスワップファイルなどのデータ格納のみを意図している。メンテナンスイベントや再デプロイなどにより内容が失われる可能性がある

現在、OSディスクとデータディスクでは、**マネージドディスク**が推奨となっており、かつ、デフォルトで使用されています。これは、**利用者に代わり、Azureが管理を行うディスク**です。マネージドディスクは、99.999%の可用性で設計されています。また、内部的に3重にレプリケーションされており、高い耐障害性が確保されています。

一方、**非管理対象（アンマネージド）ディスク**というものもあります。これはストレージアカウント（第4章で解説）にページBLOBとして格納されたVHDファイルで、マネージドディスク以前に利用されていたしくみです。非管理対象ディスクは、マネージドディスクに移行可能です。

ネットワークインターフェースカード(NIC)

ネットワークインターフェースカード（NIC）は、VMが他のリソースやインターネットと通信をするためのリソースです。Azure portalを使用してVMを作成するとデフォルトで、そのVMのNICが1つ作成されます。

VMへのIPアドレス割り当て

NICにはパブリックIPアドレスやプライベートIPアドレスを割り当てます。

IPアドレスの種類

IPアドレスの種類	概要
パブリックIPアドレス	インターネットからのトラフィックを受信する場合などに利用する
プライベートIPアドレス	仮想ネットワーク内の他のVMと通信を行う場合などに利用する

パブリックIPアドレスやプライベートIPアドレスの割り当てには、**動的と静的**という2つの方法があります。たとえば、VMからオンプレミスに接続する際に、オンプレミス側のファイアウォールで、VMのパブリックIPアドレスからの着信を許可したい場合、VMに対して固定のIPアドレスを割り当てるために「静的」を選択します。

ネットワークセキュリティグループ(NSG)

ネットワークセキュリティグループ（NSG）を使用すると、送受信のトラフィックに対する許可・拒否の規則を設定できます。たとえば「HTTP(S)のトラフィックの着信を許可する」「特定のIPアドレスからのRDP接続を許可する」といった設定を行えます。

VMと通信するには

VMの通信をコントロールするために、Azureでは**仮想ネットワーク（Virtual Network。以降、VNet）**を使用します。１つのVNetは、いくつかの**サブネット**に分割できます。サブネットとは、ある特定のネットワークを細分化してできたネットワークのことです。VMを作成するときは、そのVMが使用するVNetやサブネットを同時に作成できますが、VNetやサブネットを先に作成しておき、VMを作成する際に、作成済みのVNetやサブネットを選択するといったことも可能です。

VM作成時のネットワーク設定画面

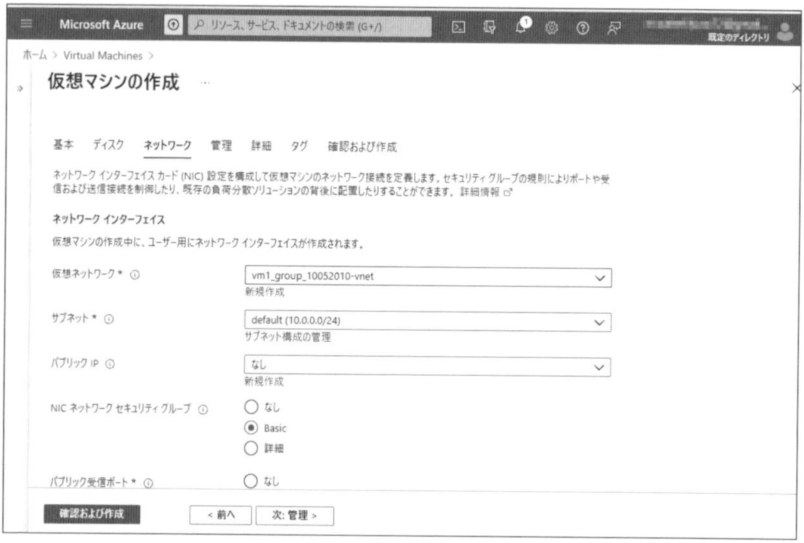

VMのNICは、いずれかのVNetのサブネット内に配置されます。そしてVMのプライベートIPアドレスは、そのサブネットのアドレス範囲から割り当てされます。また、NSGは、NICまたはサブネットに関連付けます。NSGをサブネットに関連付けると、特定のトラフィックに対する許可・拒否の規則をサブネットごとに適用できます。

VNetの構成例

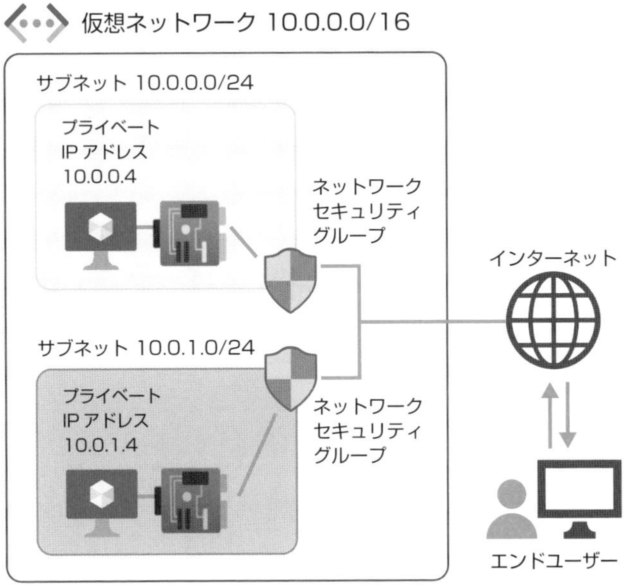
仮想ネットワーク 10.0.0.0/16
サブネット 10.0.0.0/24
プライベート
IP アドレス
10.0.0.4
ネットワーク
セキュリティ
グループ
インターネット
サブネット 10.0.1.0/24
プライベート
IP アドレス
10.0.1.4
ネットワーク
セキュリティ
グループ
エンドユーザー

Section 17

複数の仮想マシンを運用 ～仮想マシンスケールセット

ここでは、仮想マシンスケールセットという、複数のVMをグループにする機能について説明します。仮想マシンスケールセットには、「均一」オーケストレーションと、新しく追加された「フレキシブル」オーケストレーションという2つのモードがあります。本書では、従来の「均一」オーケストレーションモードを使用する仮想マシンスケールセットについて解説していきます。

仮想マシンスケールセット(VMSS)とは

仮想マシンスケールセット(Virtual Machine Scale Sets。以降、VMSS)は、VMのグループを作成する機能です。VMSSを使用すると、複数のVMをまとめてデプロイしたり、複数のVMを使用した負荷分散を行ったりすることが容易です。また負荷状況などに応じて、VM数を自動的に調節することもできます。

VMSSには複数(0～1000個)のVMを含めることができ、VMSS内の個々のVMを**インスタンス**と呼びます。VMSSには、同一種類のインスタンスが含まれ、インスタンスにはそれぞれ、**インスタンスID**という番号が0、1、2……と振られていきます。

また、VMSS自体にコストはかかりませんが、VMSSに含まれるインスタンスはコストが発生します。

VMSSとインスタンスの関係

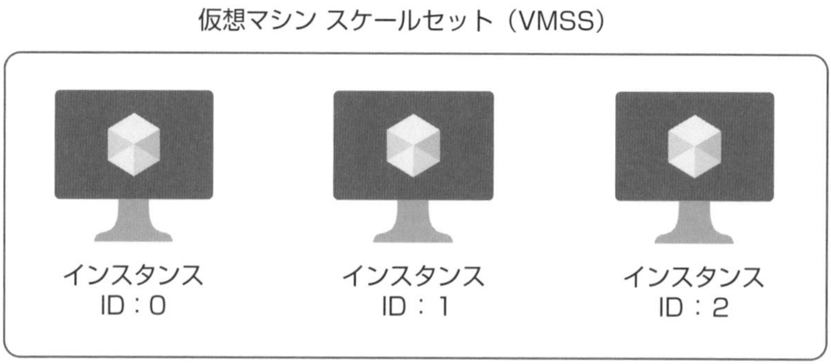

なお、VMSSを作成する際、初期インスタンス数を指定します。Azure portalからVMSSを作成する場合、初期インスタンス数は2です。

Azure portalでのVMSS作成

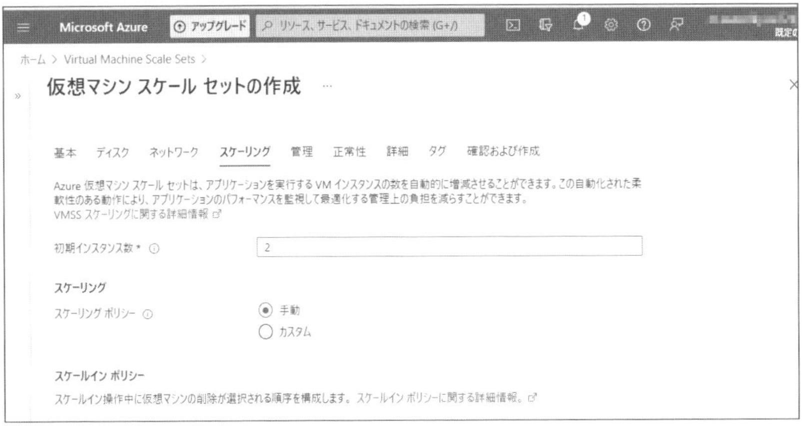

可用性ゾーンへのVMの分散配置

可用性ゾーン（P.26参照）に対応しているリージョンにVMSSを配置する場合、VMSS内のインスタンスを、複数の可用性ゾーンへバランスよく配置できます。これによって、**VMの可用性を向上できます**。以下の図は、VMSSに6つのインスタンスを作成し、3つの可用性ゾーンに分散配置した状態を表します。

3つの可用性ゾーンにインスタンスを分散配置

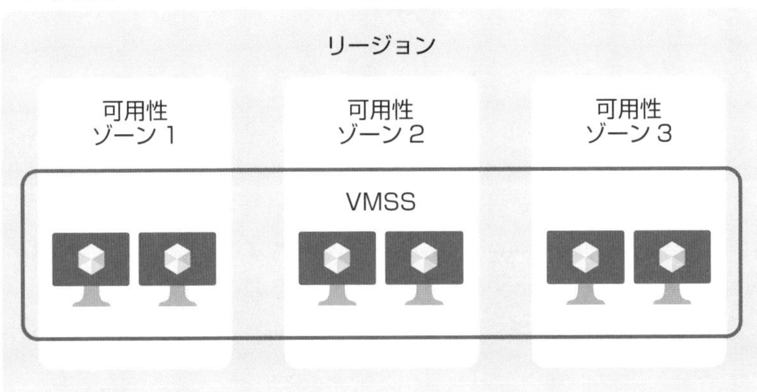

なお、3つの可用性ゾーンに、4つや5つのインスタンスを分散する場合は、可用性ゾーン間のインスタンス数の差が1個以内になるように配置されます。また、可用性ゾーンの1つに一時的な問題が発生した場合、VMSSに指定された数のインスタンスが、残りの正常な可用性ゾーンに均等に配置されます。そしてゾーンの問題が解消したら、すべての可用性ゾーン間でバランスを取るように配置が行われます。

VMSSとロードバランサーを組み合わせて負荷分散

VMSSにロードバランサーを組み合わせると、ロードバランサーで受信したトラフィックを、VMSS内のインスタンスに負荷分散できます。ロードバランサーは、VMSSを作る際にあわせて作成可能です。

ロードバランサーによる負荷分散

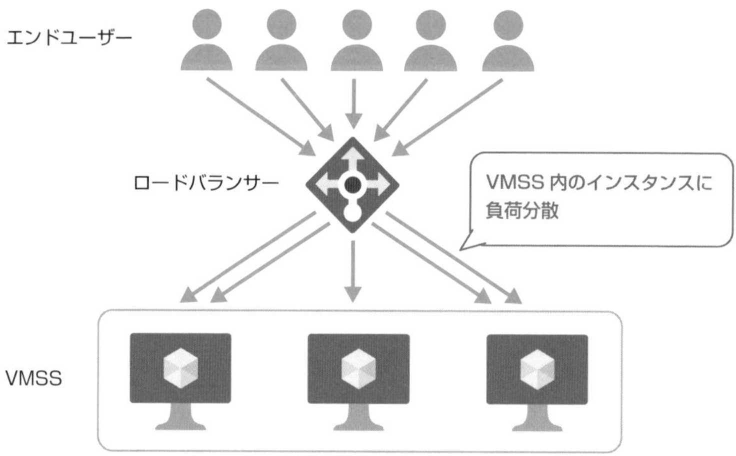

なお、Azureのロードバランサーには、**Azure Load Balancer**と**Azure Application Gateway**があります。前者はOSIレイヤー4（TCPとUDP）に対応し、後者はレイヤー7（アプリケーション）に対応しています。Webアプリケーションの負荷分散ではApplication Gateway、そのほかのトラフィックの負荷分散ではAzure Load Balancerを使うといいでしょう。

VMSSでのスケーリング

インスタンスを増加させることを**スケールアウト**、減少させることを**スケールイン**といいます。そして、スケールアウト・スケールインをまとめて**スケーリング**といいます。VMSSでスケーリングする方法は**スケーリングポリシー**を使って指定します。スケーリングポリシーには「手動」と「カスタム」があります。

スケーリングポリシーの種類

スケーリングポリシー	概要
手動	固定のインスタンス数を維持
カスタム	インスタンスの最小数、最大数、スケールアウトの基準、スケールインの基準を選択する

Azure portalからVMSSを作成する場合、スケーリングポリシーはデフォルトで「手動」となっています。「カスタム」を選択すると、デフォルトでは、インスタンスの平均CPU使用率が75%を超えた場合にインスタンスを1つ増やし、平均CPU使用率が25%を切った場合はインスタンスを1つ減らす設定となります。

「カスタム」にした場合のデフォルト値

VMSSにもサイズ(性能)を設定できる

VMSSのデプロイ時には、**サイズ**を指定します。このサイズの指定は、前節で説明(P.72参照)した、単一のVMに対して指定するものと同様です。サイズにより、インスタンスのvCPU数やメモリの容量など、**VMSSに含まれるインスタンスの性能が決まります**。VMSSのデプロイ時に指定したサイズは、VMSS内のインスタンスに反映されます。

デプロイ後にサイズを変更する場合は、新しいサイズを指定し、変更を保存します。その変更を反映するためには、**アップグレード**(各インスタンスへの設定の反映。サイズ変更の場合は再起動)が必要です。アップグレードを行うインスタンスは、**アップグレードポリシー**によって選択されます。

アップグレードポリシー

ポリシー	概要
手動(デフォルト)	1つまたは複数のインスタンスを手動で選択して個別にアップグレードする
自動	すべてのインスタンスがアップグレードされる
ローリング	指定された「バッチサイズ」のインスタンスずつ順にアップデートされる

たとえば、VMSSとロードバランサーを組み合わせてWebサイトを運用する場合、すべてのインスタンスがアップグレードにより同時に再起動されてしまうと、すべてのインスタンスの再起動が完了するまでの間、Webサイトにアクセスすることができなくなってしまいます。

このような場合、「手動」または「ローリング」を使用することで、Webサイトの可用性を維持したまま、サイズを変更できます。たとえば、「ローリング」で、インスタンスが10台あり、「バッチサイズ」が20%の場合は、インスタンスが2台ずつ順に、アップグレード(再起動)が行われていくので、Webサイトの可用性を維持することができます。

Section 18

Webアプリケーションの運用 ～ Azure App Service

Azure App Serviceは、Azureのサーバーレスコンピューティングサービスの1つです。サーバーレスとは、クラウドプロバイダがサーバーの管理を担うことで、利用者がサーバーの存在を意識することなく開発·運用できるようにすることです。

- **Azureでのサーバーレス**
  https://azure.microsoft.com/ja-jp/solutions/serverless

Azure App Serviceとは

Azure App Service(以降、App Service) は、AzureのPaaS型サービスであり、Webアプリケーションを構築・デプロイ・スケーリングするためのプラットフォームです。App Serviceを使用すると、開発したWebアプリケーションなどをすばやくデプロイ・運用することが可能です。またApp Serviceは、フルマネージドプラットフォームです。OSや言語ランタイムの管理をApp Service側に任せられるので、**利用者は、アプリケーションの開発に専念できます。**

App Service

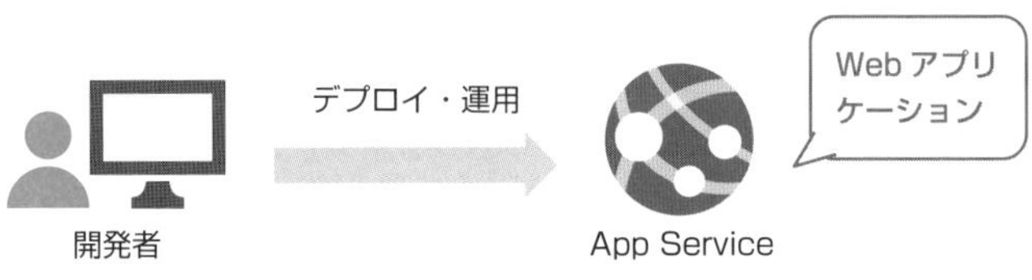

App Serviceには、アプリケーションの開発・運用をサポートする機能が多数備わっています。ここでは、主な機能を紹介します。

App Serviceの主な機能

機能	概要
言語のサポート	ランタイムとして.NET(.NET 6 LTS、.NET 5、.NET Core 3.1 LTS)、ASP.NET、Java、Node、PHP、Python、Rubyをサポート。未サポートのランタイムを利用したい時は、ランタイムを含むDockerコンテナーをデプロイする
マネージド運用環境	OSとランタイムはAzureによって自動的に管理・更新される
カスタムドメイン	ドメインを購入し、「アプリ」に割り当てることができる。ドメインの自動更新機能もあり
SSL証明書	カスタムドメイン用のSSL証明書によるHTTPS通信が利用可能。標準SSL証明書、ワイルドカードSSL証明書、無料のマネージド証明書を使用できる
バックアップ	手動または自動のバックアップ機能を備えている。「アプリ」に接続されているデータベースも同時にバックアップ可能
認証と認可	「アプリ」にユーザー認証（サインイン）を追加できる。認証には、Azure AD、Microsoftアカウント、Facebook、Google、TwitterなどのIDプロバイダーが使用可能。「認可」として、認証されていないユーザーが「アプリ」にアクセスした際に、アクセスを許可するか、または、サインインを要求するように設定可能

ほかのコンピューティングサービスとの違い

App Serviceと、ここまでに紹介したVMやVMSSでは、何が違うのでしょうか。たとえばこの3つのサービスで、.NETアプリケーションを運用する場合について考えてみましょう。VMやVMSSを使用する場合は、VMのOS更新、VMへの.NETランタイムのインストールと更新、ロードバランサーのデプロイと設定などを、利用者が実施する必要があります。一方、App Serviceは、OSの更新、ランタイムのインストールと更新、ロードバランサーの設定などが自動化されるので、**運用の手間が削減されるというメリットがあります**。仮想マシンやロードバランサーを細かくコントロールする必要がある場合はVMを使いますが、細かいコントロールはAzureに任せてよいという場合は、App Serviceを使うことができます。

VMとApp Serviceの違い

開発者の作業	仮想マシン	App Service
OS の管理	○	
言語ランタイムの管理	○	
ロードバランサーの管理	○	
アプリケーションの開発	○	○

App Serviceの使用に必要な2つのリソース

App Serviceを使用するには、App Serviceのプランとアプリという2種類のリソースが必要です。開発する際はまず、App Serviceの、「アプリ」リソースを作成します。この「アプリ」は、このとき選択したプランの上で動作します。プランとは、「アプリ」の機能やコストを管理するリソースのことです。

使い方としては、1つのプランで1つの「アプリ」を運用して、「アプリ」にプランのすべてのコンピューティングリソースを割り当てるというものがあります。また、1つのプラン上で複数の「アプリ」を運用することも可能です。なお、**同じプラン内の「アプリ」は、すべて同じコンピューティングリソースを共有します。**

プランと「アプリ」

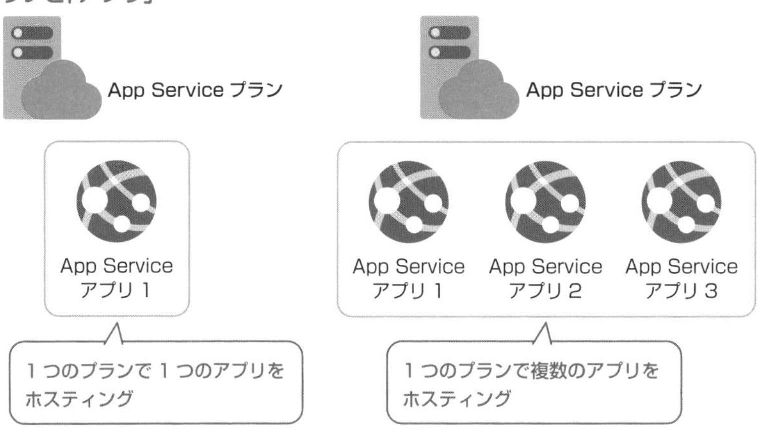

プランを作成する際は、**サービスプラン**と**価格レベル**を選択します。サービスプランによって、「アプリ」で使用できる機能などが変わります。たとえばFreeプランは、最大10個の「アプリ」を作成でき、無料で使用できます。またSharedプランは最大100個の「アプリ」を作成でき、各「アプリ」に対してコストが発生します。そしてBasic以上のプランでは、「アプリ」の個数に制限はなく、プランに対してコストが発生します。

また選んだ価格レベルによって、「アプリ」で使用できるコンピューティング性能・メモリ・ディスクが決まります。

サービスプランと価格レベル

サービスプラン	用意されている価格レベル	概要
Free	F1	開発とテスト向けのプラン。CPUは1日あたり60分まで利用可能
Shared	D1	開発とテスト向けのプラン。CPUは1日あたり240分まで利用可能
Basic	B1／B2／B3	トラフィック要件が低く、高度な自動スケール機能やトラフィック管理機能が不要な「アプリ」向けのプラン。手動スケールが利用できる
Standard	S1／S2／S3	実稼働ワークロード向けのプラン。自動スケールが利用できる
Premium	P1v2／P2v2／P3v2／P1v3／P2v3／P3v3	高いパフォーマンスを要求する実稼働ワークロード向けのプラン
Isolated	I1／I2／I3／I1v2／I2v2／I3v2	仮想ネットワークでの実行が必要な、ミッションクリティカルなワークロード向けのプラン

Azure portalでのプラン選択

App Serviceでのスケーリング

App Serviceでの、スケーリングの方法について紹介します。App Serviceで構築したWebアプリケーションの規模やリクエスト数の増減にあわせて検討しましょう。

○ スケールアップ

プランを作成したあとに、サービスプランや価格レベルを変更することも可能です。これらを変更すると、機能を増減させたり、コンピューティング性能とメモリの割り当てを増減（スケールアップ・スケールダウン）させたりすることができます。

なおプランの性能は、**Azureコンピューティングユニット（ACU）**というコンピューティング性能を表す数値と、メモリの量で表されます。たとえば、「Standard S1」というプランでは、ACU合計が100であり、1.75GBメモリが利用可能です。これを「Standard S2」に変更（スケールアップ）すると、ACU合計が200となり、3.5GBメモリが利用可能となります。

プランの変更によるスケールアップ

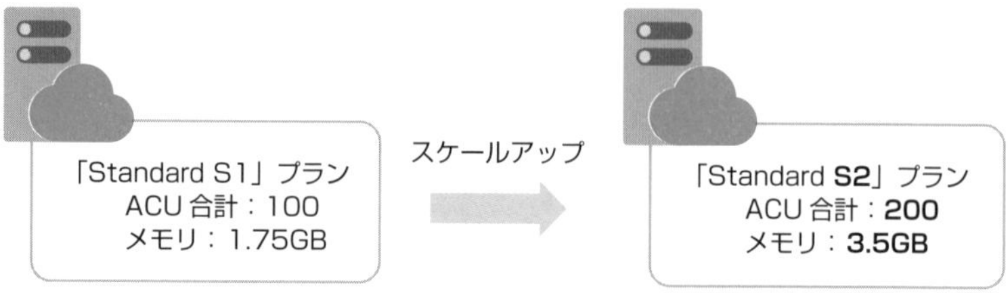

◎ スケールアウト

Basic以上のプランでは、1つのプラン内で複数のVM（インスタンス）を利用できます。「アプリ」を実行するインスタンスの数を増やすと、より多くのトラフィックを処理できるようになります。このように、インスタンスの数を増やして性能向上を図ることをスケールアウトといいます。ただし、インスタンスを増やすと、増やした数に比例したコストがかかるので注意が必要です。また選択したサービスプランによって、利用可能なインスタンス数は変わります。

利用可能なインスタンス数

サービスプラン	インスタンス数
Basic	1〜3
Standard	1〜10
Premium	1〜30
Isolated	1〜100

なおBasicプランでは、手動スケールが利用できます。管理者が必要に応じてインスタンス数を手動で調節します。**Standard以上のプランでは、自動スケール（カスタム自動スケーリング）が利用可能です**。自動スケールは、特定のメトリック（CPU使用率など）や設定したスケジュールに従って、インスタンス数を調節します。

複数の環境を1つの「アプリ」内で運用するしくみ

「アプリ」内で複数のホスト名とコンテンツを運用する、**デプロイスロット**というしくみがあります。たとえば、本番環境と開発環境といった複数の環境を、1つの「アプリ」内で運用できます。またデプロイスロットを使用すると、ダウンタイムなしで、新しいバージョンのアプリケーションを検証・切り替えすることも可能です。なお、このような複数の環境を利用して切り替える手法は**ブルーグリーン・デプロイメント**と呼ばれます。

Standard以上のプランなら、「アプリ」は複数のデプロイスロット（以降、スロット）で構成できます。それぞれのスロットは、独自のホスト名とコンテンツを持ちます。スロット自体にはコストはかかりません。

デプロイスロットの運用例

ここでは、ある「アプリ」に「運用」スロットと「ステージング」スロットという2つのスロットがある場合の例を説明します。

- **「運用」スロット**
  エンドユーザーがアクセスする「本番環境」

- **「ステージング」スロット**
  開発者や管理者が利用する「開発環境」

利用者は、新しいバージョンのアプリケーションを開発したら、それを「ステージング」スロットにデプロイすることで、本番環境に影響を与えることなく、新しいバージョンのアプリケーションを動作検証できます。

「運用」スロットと「ステージング」スロット

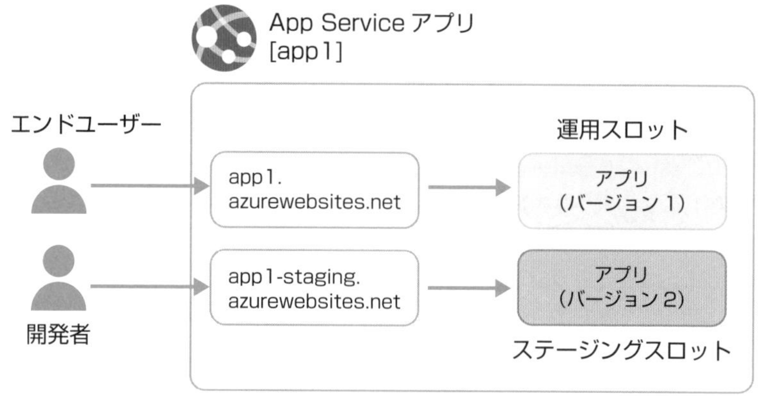

検証が完了したら、「運用」スロットと「ステージング」スロットを**スワップ（入れ換え）**します。スワップは、2つのスロットのルーティング規則を入れ換えることによって実行されます。

「運用」スロットと「ステージング」スロットをスワップしたあと

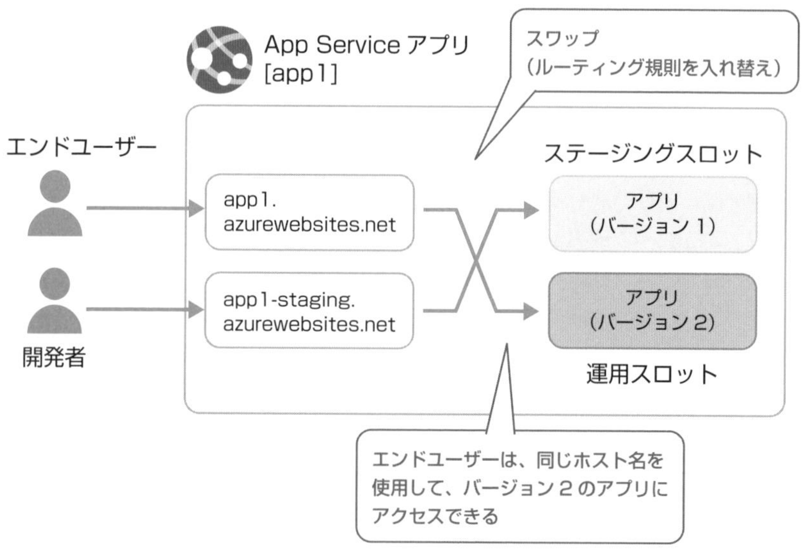

スワップの前には「ステージング」スロットのウォームアップ（「アプリ」にリクエストを送り、レスポンスが正常に返されるのを待つ処理）が実行されます。スワップが完了した瞬間から、エンドユーザーは、新しいバージョンのアプリケーションにアクセスできます。スワップに伴って破棄されるリクエストはありません。また、スワップを行っても、エンドユーザーがアプリケーションにアクセスするためのホスト名は変化しません。

App Serviceのデプロイ方法

開発したアプリケーションは、App Serviceの「アプリ」の指定したスロットにデプロイします。デプロイするにはさまざまな方法がありますが、OneDriveやVisual Studio、Visual Studio Codeといった開発ツールに対応しているところが、Azureの強みともいえるでしょう。主なデプロイ方法を以下に示します。

App Serviceの主なデプロイ方法

デプロイ方法	概要
継続的なデプロイ	GitHubやBitbucket、Azure Reposといったリポジトリからデプロイする。たとえばGitHubの場合、利用者がGitHubリポジトリにコードをプッシュすると、GitHub Actionにより自動的に「アプリ」のビルドが行われ、指定したスロットへデプロイされる
ローカルGit	利用者のコンピュータ上のGitリポジトリから、App Serviceのスロット側に作成されるGitリポジトリ（https://アプリ名.scm.azurewebsites.net:443/アプリ名.gitなど）へ、コードをプッシュする（git push main azureなど）ことによってデプロイする
ZIPデプロイ	利用者のコンピュータ上で、アプリケーション（npm installやdotnet publishで発行されたファイル一式）をZIPファイル化し、コマンド（az webapp deployment source config-zip）またはZIPアップロード用の画面（https://アプリ名.scm.azurewebsites.net/ZipDeployUI）を使用してデプロイする
コンテンツ同期	DropboxまたはOneDriveから、コンテンツを同期できる。OneDriveの場合は「自分のファイル＞アプリ＞Azure Web Apps＞（アプリ名）」フォルダに、アプリケーション（ファイル一式）をアップロードする。そして、コマンド（az webapp deployment source syncなど）やAzure portal上のSyncボタンを使用して、アプリケーションをスロットにデプロイする
Visual Studio	Visual Studioの「発行」を使用して、利用者のコンピュータ上からアプリケーションをスロットにデプロイする
Visual Studio Code	Visual Studio Codeの拡張機能である「Azure App Service for Visual Studio Code」を利用して、利用者のコンピュータ上からアプリケーションをスロットにデプロイする

Section 19

関数アプリの運用 〜Azure Functions

Azure Functionsは、Azureのサーバーレスサービスの1つです。利用者は、サーバー(VMやランタイム)を管理することなく、開発したコードを「関数」としてAzure Functions上にデプロイし、実行できます。

Azure Functionsとは

Azure Functionsは、関数を実行するサーバーレスサービスです。Azure Functionsを使用すると、たとえば、以下のような処理を簡単に実装できます。

- **ストレージにCSVファイルがアップロードされたら、そのファイルのフォーマットをJSONに変換して保存する**
- **HTTPリクエストでデータを受信したら、メッセージキューに新しいメッセージを追加する**
- **タイマーで設定されたスケジュールに従い、データベースからデータを取得し、その結果を管理者へ電子メールで送信する**

つまりAzure Functionsでは、「ファイルがアップロードされた」「HTTPリクエストを受信した」「タイマーで設定された時間になった」といったイベントをきっかけとして、関数(コード)を実行します。このようなイベントに反応するしくみを、**トリガー**として設定します。また、「ストレージにファイルを保存する」「データベースからデータを取得する」「電子メールを送信する」といった、外部のサービスとデータを入出力(送受信)するしくみは**バインド**として設定します。Azure Functionsでは、すぐに使用できる多数のトリガーとバインドが用意されています。利用者は、Azure Functionsのトリガーとバインドを使うことで、さまざまなイベントやサービスに対応した処理を、少量のコードで実装可能です。

Azure Functionsでファイルをリサイズする

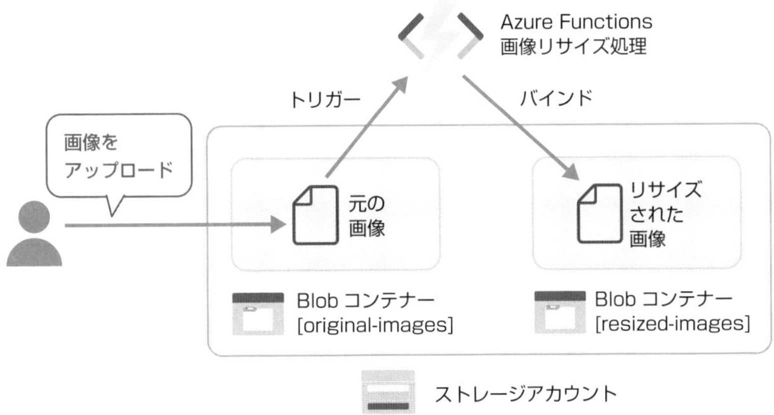

Azure Functionsの主な特徴は、以下となります。

○ サーバーレス

利用者は、VMなどを直接デプロイしたり管理したりする必要がありません。必要なインフラはAzureによって提供され、自動的にスケールされます。

○ 言語のサポート

.NET (C#クラスライブラリ、C#スクリプト、F#)、Python、JavaScript、TypeScript、Java、PowerShell Coreといった言語をサポートしています。カスタムコンテナーにより、標準でサポートされていない言語やバージョンも使えます。

○ トリガーとバインド

多数のサービス (Azure Blob Storage、Azure Cosmos DB、IoT Hubなど) のトリガー、バインドを利用することで、これらと連動するコードをすばやく開発できます。

○ 常時ウォーム

Premiumプラン、App Serviceプランの利用時は、コールドスタートを回避できます (常時ウォーム)。なおコールドスタートとは、関数が数分間アイドル状態になってインスタンス数が0にスケールダウンされたために、次の要求を処理する前に、スケールアウトとアプリケーションのロード処理が必要になり、スタートに時間がかかることです。

またAzure Functionsは、App Serviceと同様の、カスタムドメイン、SSL証明書、認証と認可、デプロイなどの機能も提供します。

App Serviceとの違い

前節で説明したApp Serviceというサーバーレスサービスは、アプリという比較的大きな単位で開発とデプロイを行います。このアプリの中には、複数の機能が含まれるのが一般的です。一方Azure Functionsは、関数という比較的小さい単位で開発とデプロイを行います。関数では通常、データの変換や転送といった、**単一のシンプルな機能を実装します**。

また、App ServiceでWebアプリケーションを稼働させる場合、通常、セッションというしくみを使用してエンドユーザーの情報などを維持し、複数のリクエスト間で状態を共有します。このような状態を伴う動作を**ステートフル**といいます。一方、Azure Functionsは**ステートレス**です。つまり、**それぞれの実行は独立しており、状態を共有しません**。

なお、後述するAzure Functionsの拡張機能である「Durable Functions」を使うと、ステートフルな処理を行うことが可能です。

App Serviceとの違い

	App Service	Azure Functions
開発とデプロイを行う単位	アプリ	関数
状態の共有	ステートフル	ステートレス

Column **サポートされているランタイムバージョン**

Azure Functionsでは、現在、4つのランタイムバージョンがサポートされています（1.x／2.x／3.x／4.x)。バージョンの数字が大きいほうが、より新しい言語ランタイムをサポートしています。たとえば3.xでは.NET Core 3.1と.NET 5.0が、4.xでは.NET 6.0がサポートされています。Azure portalで関数アプリを作成する際にランタイムとして「.NET 6」を選択すると、関数アプリのランタイムバージョンとして4.xが自動で設定されます。なお、関数アプリが使用するバージョンは必要に応じて変更できます。

ランタイムバージョンで対応している言語ランタイムについては、以下のページも参考にしてください。

- **Azure Functionsランタイムバージョンの概要**
  https://docs.microsoft.com/ja-jp/azure/azure-functions/functions-versions

Azure Functionsの構成要素

Azure Functionsは、**関数アプリ**、**プラン**、**関数**で構成されています。利用者はまず、Azure Functionsの、関数アプリリソースを作成します。関数アプリは、このとき選択したプラン（料金）の上で動作します。

関数アプリの構成

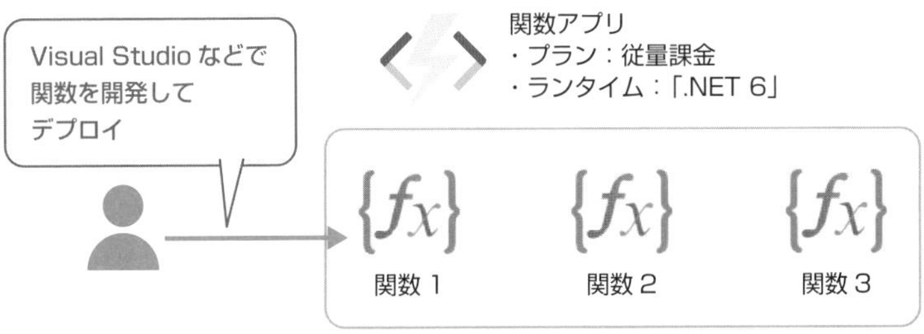

関数アプリにおけるプランの種類は、次の通りです。

Azure Functionsの主要なホスティングプランの種類

プランの種類	価格レベル	概要	コスト
従量課金	(なし)	デフォルトのプラン。自動的にスケールする。Azure portal上では「消費量(サーバーレス)」と表示される	実行および消費されたメモリに応じて課金される。同じリージョンの関数アプリを、同じ従量課金プランに割り当てできる
Premium	EP1/EP2/EP3	コールドスタートなし。強化されたパフォーマンスとVNETアクセスと共に、従量課金制プランで使用するのと同じ機能と、スケーリングメカニズム(イベント数に基づくもの)を提供。「常時使用可能なインスタンス」(常時ウォームにするインスタンス数)や「最大バースト」(負荷がかかっているときのスケールアウトの最大インスタンス数)で、インスタンス数を設定	必要なインスタンスや、事前ウォーミングされたインスタンスで使用されたコア秒数とメモリに基づいて課金
App Service	B1/B2/B3/S1/S2/S3/P1V2/P2V2/P3V2/P1v3/P2v3/P3v3	Durable Functionsを使用できない、実行時間の長いシナリオに最適	App Serviceプランのコストが発生

- **各プランの詳細**
  https://docs.microsoft.com/ja-jp/azure/azure-functions/functions-scale
- **各プランの価格**
  https://azure.microsoft.com/ja-jp/pricing/details/functions/

そして、関数アプリが使用する**ランタイムスタック**を、自分が使いたい言語にあわせて選択します。たとえばC#を使用する場合は、ランタイムスタックとして「.NET」を選択します。

Azure portalでの関数アプリの作成

関数アプリがデプロイされたら、その中に複数の「関数」を作成できます。関数は、コード・トリガー・バインドなどで構成されます。関数アプリ内のすべての関数は、同じ料金プラン、デプロイ方法、およびランタイムバージョンを共有します。なおAzure Functionsは、App Service Environment（ASE）というApp Serviceの「アプリ」を大規模に実行するためのAzureのサービスや、Kubernetesクラスターで実行することも可能です。

最後に、関数アプリには、汎用のストレージアカウント（P.112参照）を作成またはリンクする必要があります。これは、Azure Functionsがトリガーの管理や関数実行のログ記録などの操作にAzure Storageというサービスを使用しているためです。Azure portalで関数アプリを作成すると、同時にストレージアカウント（汎用v1）が作成され、リンクされます。ストレージアカウントが削除されると、関数アプリは実行されません。

最適なパフォーマンスを得るためには、下記の点に注意してください。

- **関数アプリで同じリージョンのストレージアカウントを使用すること**
- **関数アプリごとに個別のストレージアカウントを使用すること**

関数にはタイムアウトがある

関数には、タイムアウトの時間が設定されています。たとえば、従量課金プランのタイムアウトはデフォルトで5分となっており、トリガーによる関数の開始から5分が経過すると、その実行は停止されます。

プランごとのタイムアウト値

プランの種類	デフォルト(分)	最大(分)
従量課金	5	10
Premium	30	無制限
App Service	30（ランタイムバージョンが1.xの場合は無制限）	無制限

また、HTTPトリガー（HTTP通信をきっかけに関数を起動するトリガーのこと）を使用する関数の場合は、上記の設定とは無関係に、230秒で実行がタイムアウトします。なお、PremiumプランとApp Serviceプランの関数アプリでは、設定ファイル（host.json）で、functionTimeoutを「-1」に設定すると、無制限となります。Premiumプランではこの場合、関数アプリは少なくとも60分間実行されることが保証されます。

トリガーを定義する方法

トリガーは、関数が実行される契機です。トリガーで関数の呼び出し方法は定義されます。1つの関数には1つのトリガーを含める必要があり、言語ごとに、トリガーの定義方法は異なります。

トリガーの定義方法

言語	定義方法
C#クラスライブラリ	属性（attribute）
Java	注釈（annotation）
その他の言語（C#スクリプトを含む）	function.json

たとえばC#で実装すると、次ページのコードのようになります。この関数は、画像がAzure Blob Storageにアップロードされたら、リサイズして返すものです。なお、関数の名前・トリガー・バインドは、C#の「属性」（コード中の[ ]で囲まれた部分）で宣言します。

```
class ResizeFunc {
   [FunctionName("ResizeImage")]        /* 関数の名前 */
   public static void Run(
      [BlobTriggger("original-images/{name}")] Stream in, /* トリガー */
      [Blob("resized-images/{name}")] Stream out)   /* バインド */
   {
     /* 関数の定義 */
   }
}
```


関数とほかのリソースの接続

関数にバインドを定義すると、その宣言によって、別のリソースが関数に接続されます。このしくみにより、関数から接続されたリソース（BLOBオブジェクトなど）への入出力を、簡単に実装できます。バインドには、入力バインドと出力バインドがあります。

関数アプリの開発環境

Azure portalで関数の「追加」ボタンをクリックすると、4種類の「開発環境」の選択肢が表示されます。選択肢をクリックすると、画面上にそれぞれの開発環境での開発手順が表示されるので、それに従って開発環境を準備することで、コードを開発・デプロイします。

選んだ「開発環境」に応じて手順が表示される

それぞれの開発手順について、以下に概要を示します。

関数アプリの開発・デプロイ方法

開発環境	概要
ポータルでの開発	Azure portalの、関数アプリの「関数」ブレードで「追加」ボタンをクリックし、テンプレート（トリガー）を選択して、関数を追加する。Webブラウザ上に表示されるエディターでコードを編集する。 エディターで「F1」キーを押すと「コマンドパレット」が表示され、さまざまな編集機能を呼び出せる。「テストと実行」をクリックして、コードをテスト実行し、ログを確認することが可能
Visual Studio	Visual Studio上で「Azure Functionsプロジェクト」を作成し、トリガーの種類を選択する。コードを記述し、ローカルで実行・デバッグを行える。「発行」を使用して、Azure上の関数アプリへコードをデプロイする
Visual Studio Code	Visual Studio Codeに「Azure Functions拡張機能」をインストールする。また、Azure Functionsランタイムをローカルのコンピュータで実行するための「Azure Functions Core Tools」をインストールする。 コマンドパレットから「Azure Functions: Create New Project...」を選び、プロジェクトのフォルダー、ランタイム（C#など）、バージョン（.NET 5など）、トリガーの種類、関数の名前などを入力してプロジェクトを作成。コードを編集し「F5」キーを押して、ローカルで実行・デバッグを行える。 コマンドパレットから「Azure Functions: Deploy to Function App...」を選び、Azure上の関数アプリを作成または選択すると、関数アプリへコードをデプロイできる
任意のエディター＋Core Tools	「Azure Functions Core Tools」をインストールする。「func install」コマンドでAzure Functionsプロジェクトを作成し、「func new」コマンドで関数を作成してから、任意のエディターでコードを編集する。「func start」コマンドで関数アプリをローカルで実行し、「func azure functionapp publish」コマンドでAzure上の関数アプリへコードをデプロイする

いずれの開発環境で関数を作成する場合でも、「テンプレート」から、トリガーの種類を選択します。これにより、指定したトリガーを使用する関数の初期コードをすばやく準備することができます。関数のテンプレートには、主に次のものがあります。

テンプレートの種類

テンプレートの種類	概要
HTTPTrigger	HTTPのエンドポイントが作成される。エンドポイントにアクセスされたときに関数が実行される
TimerTrigger	NCRONTAB式で指定したスケジュールで定期的に関数が実行される
QueueTrigger	ストレージアカウントのキューにメッセージが作成されたときに関数が実行される
BlobTrigger	ストレージアカウントのコンテナーにBLOBが作成されたときに関数が実行される
CosmosDBTrigger	Azure Cosmos DBのテーブルに項目が作成されたときに関数が実行される

ステートフルな関数を記述できるDurable Functions

Durable Functionsは、サーバーレスコンピューティング環境でステートフル関数を記述できる、Azure Functionsの拡張機能です。サーバーレスで実装することが難しいいくつかのパターンも、Durable Functionsを使うと実装可能です。たとえば、複数のサーバーに並列でアクセスして情報を収集し、収集した情報を集計して出力するといった処理は、Durable Functionsならシンプルに実現できます。**状態はバックグラウンドで管理されるため、利用者はビジネスロジックの実装に専念できます。**

- Durable Functions
  https://docs.microsoft.com/ja-jp/azure/azure-functions/durable/

Durable Functionsで実装できるパターンの例

パターン名	概要
関数チェーン	一連の関数を特定の順序で実行する
ファンアウト／ファンイン	複数の関数を並列で実行し、すべての関数が完了するまで待機する
モニター	特定の条件が満たされるまでポーリングする
人による操作	関数と関数の間に、人による承認や確認（SMSなどを使用）を挟む

Durable Functionsでは、以下の４種類の関数を使用して、ワークフローを実装します。

Durable Functionsで使われる関数の種類

関数	概要
クライアント関数	オーケストレーター関数やエンティティ関数をコントロールする関数
オーケストレーター関数	ワークフローを実装する。複数のアクティビティ関数を呼び出し、パラメータを渡す。また、アクティビティ関数の戻り値を集計したり、タイマーを使用して状態の変化を待ったり、エンティティ関数を利用して情報を送受信したりする
アクティビティ関数	オーケストレーションされる関数とタスク。オーケストレーター関数からのみトリガー可能
エンティティ関数	「持続エンティティ（durable entities）」とも呼ばれる。状態の小さな部分の読み取りと更新のための操作を定義する。一方向（シグナル通知）または双方向（呼び出し）の通信を使用してアクセスできる。エンティティには、クライアント関数内、オーケストレーター関数内、またはエンティティ関数内からアクセス可能

これらの関数を組み合わせる例を示します。

Durable Functionsの構成例

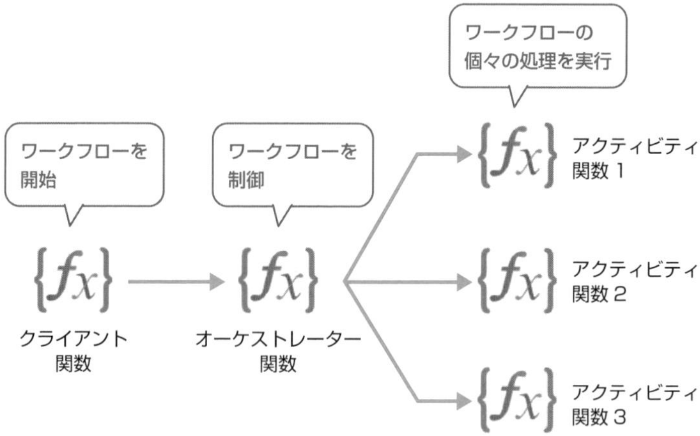

Section 20 ロジックアプリの運用～Azure Logic Apps

　Azure Logic Appsを使うと、さまざまなサービスをつなぎ、データを受け渡しする「ワークフロー」をすばやく作成できます。グラフィカルなデザイナーが用意されているので、コードを記述する必要がなく、操作が比較的簡単です。

Azure Logic Appsとは

　Azure Logic Appsは、Azureのサービスや、オンラインサービスおよびオンプレミスのシステムなどの、**システム間の統合・連携に役立つサービス**です。Azure Logic Appsは、サービスやシステムを連携させたり、データを受け渡したりを簡単に実現します。たとえば、Azure Blob StorageやMicrosoft 365、Dynamics 365、Power BI、OneDrive、Salesforce、SharePoint Onlineなどのサービス間を接続し、データを連携させることが可能です。

　前節で紹介したAzure Functionsでは、C#などのコードを書いて必要な処理を実現するのに対し、Azure Logic Appsでは、GUIで必要な部品を組み合わせて処理を定義します。そのため、コードを記述することができないユーザーでも、Azure Logic Appsでアプリケーションを開発できます。

Azure Logic Apps

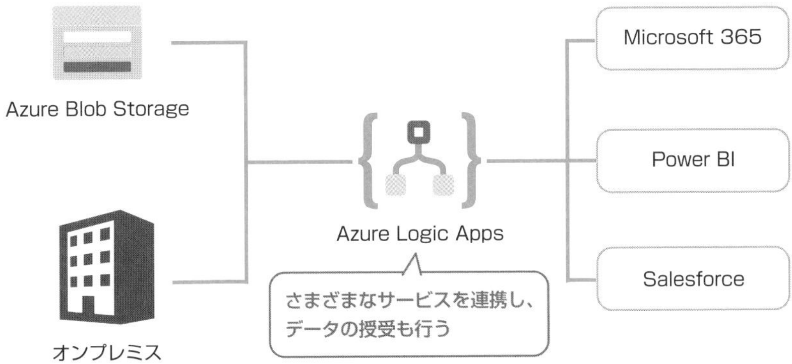

Azure Logic Appsの主な機能

機能	概要
マネージド サービス	利用者は、ロジックアプリのビルド、ホスティング、スケール、管理、メンテナンスなどを実施する必要がない
ロジックアプリ デザイナー	画面上で機能（トリガーやアクション）をマウスで選択して組み合わせることで、コードを記述することなく、ワークフローを直感的に定義できる
テンプレート	「テンプレートギャラリー」に登録されたワークフローを選択すると、典型的なパターンのロジックアプリをすばやく実装できる
コネクタ	数百種類もの「コネクタ」を使用して、さまざまなサービスに接続できる。データの発生などのタイミングでロジックアプリを起動したり、データを送受信したり、サービスの機能を呼び出したりすることも可能
拡張性	必要なコネクタが見つからない場合には、独自のコードスニペットを作成し、Azure Functionsを使ってロジックアプリを拡張できる。独自のAPIやカスタムコネクタを作成し、ロジックアプリから呼び出すことも可能

ロジックアプリの構造

Azure Logic Appsで作成するアプリは、**ロジックアプリ**と呼びます。このアプリは、Azure上でホスティングされて実行されます。Azure portalでロジックアプリを作成する際、タイプとして「消費」（従量課金）と「Standard」のいずれかを選択します。本書では、従来のタイプである「消費」のロジックアプリについて説明します。「Standard」タイプのロジックアプリについては、別途紹介（P.110参照）しているので、参考にしてください。

ロジックアプリでは、ワークフローの形で、サービスやシステムとのデータの送受信、機能の呼び出しなどの手順を定義します。ロジックアプリには、次の3つのリソースが必要です。

◯ ロジックアプリ（ワークフロー定義）

Azure Logic Appsを使用する場合は、まず**ロジックアプリ**リソースを作成します。このリソースには、1つの「ワークフロー定義」が含まれます。ここに、ロジックアプリで実行されるロジック（処理）を記述していきます。

◯ トリガー

すべてのロジックアプリは1つの**トリガー**で始まる必要があります。トリガーとは、ロジックアプリの起動条件を定義するものです。たとえば「OneDriveに新しいファイルが作成された」といったトリガーを利用して、ロジックアプリを起動します。

アクション

トリガーを設定したら、アクションを定義します。アクションは、トリガーのあとに実行される処理を指します。たとえば「OneDriveのファイルをPDFに変換する」といった処理を定義します。なお、1つのロジックアプリで複数のアクションを利用することも可能です。

ロジックアプリの構造

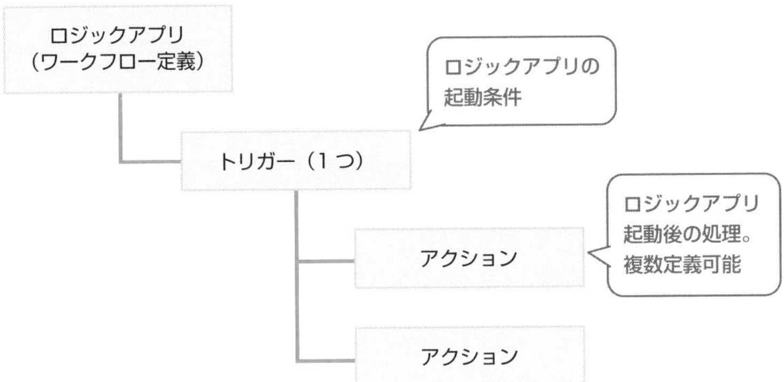

これらは、Azure portalのロジックアプリデザイナーというGUIを使用して、直感的に定義できます。たとえば、ロジックアプリデザイナーでトリガーに「OneDriveに新しいファイルが作成された」、アクションに「OneDriveのファイルをPDFに変換する」を指定する際、次のような画面になります。

ロジックアプリデザイナーでアプリ作成

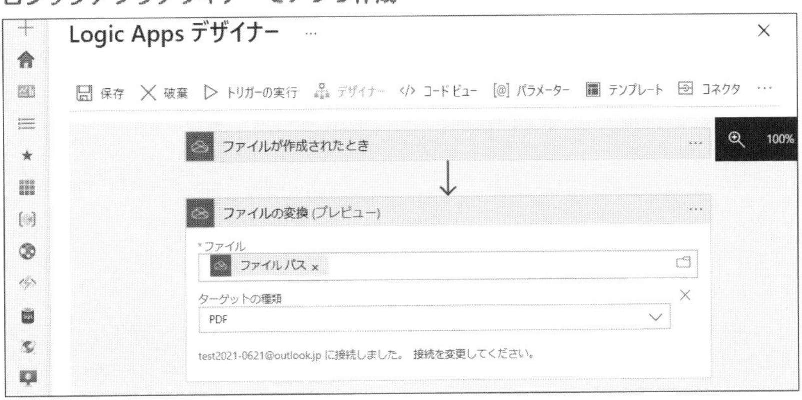

関数アプリをほかのサービスと接続する「コネクタ」

ロジックアプリでは、さまざまなサービスに接続できる**コネクタ**と呼ばれる機能が、事前に用意されています。コネクタは、接続したいサービスにあわせて選択します。コネクタを使うと、たとえばAzure FunctionsやAzure Blob Storageだけではなく、SalesforceやTwitterなどのAzure外のサービスとも、ロジックアプリを接続できます。

このコネクタには、先ほど紹介した、ロジックアプリを起動するためのトリガーや、データを送受信したりサービスの機能を呼び出したりできるアクションが含まれています。

ロジックアプリデザイナーでコネクタを選択する

コネクタは、**組み込みのトリガーとアクション**または**マネージドコネクタ**で分類されます。マネージドコネクタは、**標準コネクタ**と**エンタープライズコネクタ**で分類されます。これらのトリガー・アクション・コネクタで提供されない処理が必要なときは、独自のトリガーとアクションを備えた**カスタムコネクタ**を作成します。

コネクタの分類

分類	概要	コスト(従量課金の分類)
組み込みのトリガーとアクション	スケジュール、要求、HTTP、ワークフロー制御、変数、データ操作、日付／時刻などのコネクタ	アクションの価格
標準コネクタ	マネージドコネクタの1種。Azure Blob Storage、Microsoft 365、Dynamics 365、Power BI、OneDrive、Salesforce、SharePoint Onlineなどのサービスと連携するためのコネクタ	標準コネクタの価格
エンタープライズコネクタ	マネージドコネクタの1種。SAP、IBM 3270、IBM MQなどのエンタープライズシステムにアクセスするためのコネクタ	エンタープライズコネクタの価格
カスタムコネクタ	独自のトリガーとアクションを備えたコネクタ。REST APIのラッパーであり、Azure Functions、Azure App Service（Web AppsまたはAPI Apps）で実装されたAPIや、オンプレミスのプライベートAPIを呼び出せる	標準コネクタの価格

コネクタでは、トリガーやアクションの起動回数に比例したコストがかかります。コネクタの料金について詳しくは、下記を参照してください。

- **Azure Logic Appsの価格**
  https://azure.microsoft.com/ja-jp/pricing/details/logic-apps/

コネクタに含まれるアクション

先ほど述べましたが、コネクタには、トリガーやアクションが含まれています。たとえば、「組み込みのトリガーとアクション」という分類のコネクタには、次のトリガーやアクションが含まれます。

「組み込みのトリガーとアクション」に含まれるアクション

分類	概要
スケジュール	ロジックアプリの実行タイミングを指定する（繰り返しトリガー、遅延アクションなど）
要求	HTTPSリクエストを受信して処理を行いHTTPレスポンスを返すロジックアプリを作る（Requestトリガーと Responseアクション）
HTTP	外部のエンドポイントを呼び出す（定期的なHTTP呼び出しを行うHTTPトリガー、1回のHTTP呼び出しを行うHTTPアクション）
ワークフロー制御	条件分岐やループなどを行う
変数	変数の操作を行う
データ操作	配列の操作などを行う
日付／時刻	日付・時刻の処理を行う

マネージドコネクタの分類

ロジックアプリですぐに利用できるマネージドコネクタのラインナップは、数百種類にも及びます。以下に、代表的なマネージドコネクタを紹介します。Azure Logic Appsが実にさまざまなサービスと接続できることがわかるでしょう。

マネージドコネクタの主な種類

種類	コネクタの例
Azureのサービス	VM、App Service、Container Instances、Cosmos DB、DevOps、Blob Storage、Files、Event Grid、Event Hubs、Service Bus、Resource Manager、Automation、IoT Central、Data Factory
AzureのAI系のサービス	Text Analytics、Computer Vision、Face API、LUIS、Content Moderator、QnA Maker、Bing Search API、Video Indexer
マイクロソフトのサービス	Excel、Word、Outlook、OneDrive、OneNote、SharePoint、Teams、Project、Yammer、Power BI、Forms、Planner
ソーシャル	Twitter、YouTube、LinkedIn、Pinterest、RSS
業務システム	GitHub、Slack、SAP、ServiceNow、Zendesk、Adobe Creative Cloud、Amazon Web Services (AWS)、SMTP
ファイル／データベース連携	SFTP、FTP、File System、Microsoft SQL Server、MySQL、PostgreSQL、Oracle Database、DB2

すべての利用可能なコネクタと、個々のコネクタの詳細については、以下のページを参考にしてください。

- **コネクタ参照の概要**
  https://docs.microsoft.com/ja-jp/connectors/connector-reference/

ロジックアプリを開発する方法

ロジックアプリを開発・デプロイするには、Azure portal以外にも、Visual Studioを使うなど、いくつか方法があります。それぞれの特徴について、以下にまとめます。

ロジックアプリの開発・デプロイ方法

方法	概要
Azure portal	ロジックアプリデザイナーを使用するので、ロジックを直感的に定義できる
Visual Studio	Visual Studioに「Azure Logic Apps Tools」というツールを追加する。このツールはVisual Studio Marketplaceからインストールする。本ツールを使うと、Azure portalと同様のロジックアプリデザイナーを、Visual Studioで利用できる
Visual Studio Code	Visual Studio Codeに「Azure Logic Apps用Visual Studio Code拡張機能」をインストールする。ロジックアプリのワークフロー定義をJSONとして作成できる。「デザインビュー」では、ロジックアプリのワークフローを視覚的に確認可能
ARMテンプレート	Azure Resource Managerテンプレート（P.234参照）としてロジックアプリを作成する。テンプレートを使用すると、複数の環境とリージョンにわたってロジックアプリのデプロイを自動化できる

Column 新しい種類のロジックアプリ ～Azure Logic Apps Standard

ロジックアプリを作成する際に、タイプとして「Standard」を選択すると、Azure Logic Apps Standardという新しい種類のロジックアプリを作成できます。これは、2021年5月に一般提供が開始された機能です。この種類のロジックアプリは、Azure Functions（P.92参照）が実行できる場所であれば、ローカルの開発環境など、どこでも実行できます。また、「消費」（従量課金）タイプのロジックアプリと比較して、以下のメリットがあります。

- **より多くの、高スループットで低コストな組み込みコネクタが利用できる**
- **ランタイムとパフォーマンスの設定に関して、より多くの制御を行える**

なお、Standardのロジックアプリには複数の「ワークフロー」を含めることができます。

ロジックアプリの構造

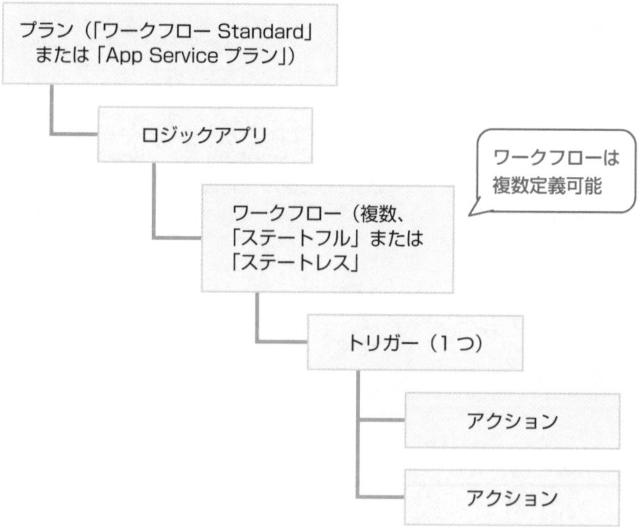

Chapter 4

データの運用

本章では、Azureでデータを運用するためのサービスについて解説します。Azureでは、ファイルサーバーのように使用できるストレージサービスから、グローバル分散が行えるデータベースまで、扱えるデータや性質が異なるさまざまなサービスが提供されています。

Section 21

ストレージを利用するには～ストレージアカウントの作成

Azureでは、さまざまな形式のデータを扱うサービスが多数提供されています。ストレージからデータベースまで実に多様なサービスが用意されていますが、まずはその中でも、Azureの「ストレージアカウント」というリソースに紐付く、以下の4つのサービスについて紹介します。

- **Azure Blob Storage (ブロブ ストレージ):オブジェクトストレージ。第22節で解説**
- **Azure Files:ファイル共有。第23節で解説**
- **Azure Queue Storage:キュー。第24節で解説**
- **Azure Table Storage:NoSQLデータストア。第25節で解説**

なお、データベースサービスについては、P.154以降で紹介します。

ストレージアカウントとは

上記の4つのサービスを利用するには、**ストレージアカウント**の作成が必要です。ストレージアカウントは、MicrosoftアカウントやAzureアカウントといったアカウントとは別のものであり、**Azure内のリソースの一種**です。1つのストレージアカウントで格納できるデータは、最大で5PiB(ペビバイト)です。

利用者は、1つのストレージアカウントにすべてのデータを格納したり、複数のストレージアカウントを使い分けたりすることができます。各ストレージアカウントにはリージョンを指定できるので、データを配置したいリージョンによって、ストレージアカウントを使い分けるといった方法もあります。また、各ストレージアカウントに対して冗長性も指定可能なため、データの重要度などに応じて、ストレージアカウントを使い分けることもあります。

ストレージアカウントとその中で使える4つのサービス

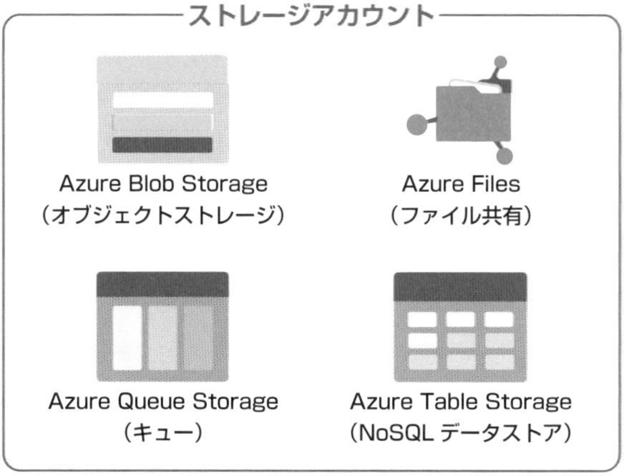

ストレージアカウントを作成すると、その配下に、4つのストレージサービスが表示されます。以下の図で、左側のメニューに「コンテナー」と表示されているのがBlob Storage、「ファイル共有」と表示されているのがAzure Filesを表します。

ストレージアカウントの作成後

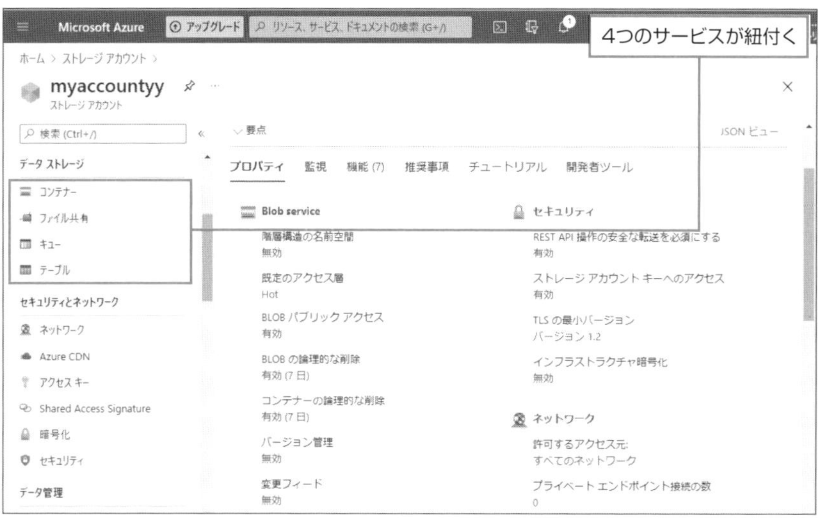

ストレージアカウントの作成に必要な項目

ストレージアカウントを作成するには、以下の項目を入力または選択する必要があります。

ストレージアカウント作成時の設定項目

項目	概要
ストレージアカウント名	Azure全体で一意となっている必要がある。長さは3〜24文字。英小文字と数字のみ
リージョン	ストレージアカウントリージョンを選択する。ストレージアカウントに保存したデータはそのリージョンに保存される
パフォーマンス	Standard、Premiumから選択。Premiumは、ハイパフォーマンス（低遅延）が要求されるワークロード向けのオプション
冗長性	データを内部的に複数の場所に複製（レプリケーション）することで、障害や災害に対するデータの持続性を高められる。LRS、ZRS、GRS、GZRSの4種類から選択する
その他	ネットワーク、データ保護、詳細、タグ

ストレージアカウントの種類

現在Azure portalから作成できる（マイクロソフトが推奨する）ストレージアカウントは、以下の4種類です。なお、以下の表で触れているBLOBの種類については次節で解説します。

ストレージアカウントの種類

種類	概要
Standard汎用v2	BLOB、「ファイル共有」、キュー、テーブルが利用できる。ほとんどのシナリオで推奨される
PremiumブロックBLOB	ブロックBLOBと追加BLOBに特化。トランザクションレートが高く、比較的小さなオブジェクトが使用されるシナリオや、一貫した短い待ち時間が要求されるシナリオ向け
PremiumページBLOB	ページBLOBに特化。一貫したハイパフォーマンスと短い待ち時間を必要とするワークロード向け
Premiumファイル共有	「ファイル共有」に特化。エンタープライズまたはハイパフォーマンススケールアプリケーション向け。SMBに加えてNFSもサポート

なお、現在Azure portalから作成できない（レガシーな）ストレージアカウントとして「Standard汎用v1」と「Standard Blob Storage」の2つがあります。これらは、汎用v2にアップグレードすることができます。

作成不可なストレージアカウント

ストレージアカウントの種類	パフォーマンス	概要
汎用v1アカウント	Standard	Blob、ファイル、キュー、およびテーブル用の従来のアカウントの種類。汎用v2アカウントの利用が推奨されている
Blob Storageアカウント	Standard	従来のBlob専用ストレージアカウント。汎用v2アカウントの利用が推奨されている

プライマリリージョンとセカンダリリージョン

ストレージアカウントには障害や災害に対するデータの持続性を高められる**冗長性オプション**というものがありますが、その前に、プライマリとセカンダリのリージョンについて紹介しておきましょう。

第1章で解説したように、Azureのリージョンは同じ地域（「日本」など）の2つのリージョンがペアで構成されています。たとえば、東日本リージョンと西日本リージョンは、ペアのリージョンです。

ストレージアカウントを作成する際は、リージョンを指定します。このリージョンは**プライマリリージョン**と呼ばれます。プライマリリージョンとペアになっているもう1つのリージョンは、**セカンダリリージョン**と呼ばれます。たとえば、ストレージアカウントの作成時に、リージョンを「東日本リージョン」と指定した場合はそれがプライマリリージョンとなり、ペアの「西日本リージョン」はセカンダリリージョンとなります。

ストレージアカウントの冗長性(レプリケーション)オプション

ストレージアカウントには、冗長性オプションが4種類あります。GRSとGZRSという冗長性オプションでは、プライマリリージョンに加えてセカンダリリージョンへのコピーが行われます。これにより、プライマリリージョン全体が停電になったり、プライマリリージョンが復旧できないような災害が発生したりしても、セカンダリリージョンでデータの利用を継続できます。

冗長性オプション

冗長性の種類	プライマリリージョンでの動作	セカンダリリージョンでの動作
LRS（Local Redundant Storage）	プライマリリージョンの1つのデータセンター内で、データが同期的に3回コピーされる	なし
ZRS（Zone Redundant Storage）	プライマリリージョンの3つの可用性ゾーン間で、データが同期的にコピーされる	なし
GRS（Geo Redundant Storage）	プライマリリージョンの1つのデータセンター内で、データが同期的に3回コピーされる	セカンダリリージョンの1つのデータセンターに、データが非同期的にコピーされる。データセンター内では、データはLRSを使用して同期的に3回コピーされる
GZRS（Geo Zone Redundant Storage）	プライマリリージョンの3つの可用性ゾーン間で、データが同期的にコピーされる	セカンダリリージョンの1つのデータセンターに、データが非同期的にコピーされる。データセンター内では、データはLRSを使用して同期的に3回コピーされる

冗長性オプションによる動作の違い

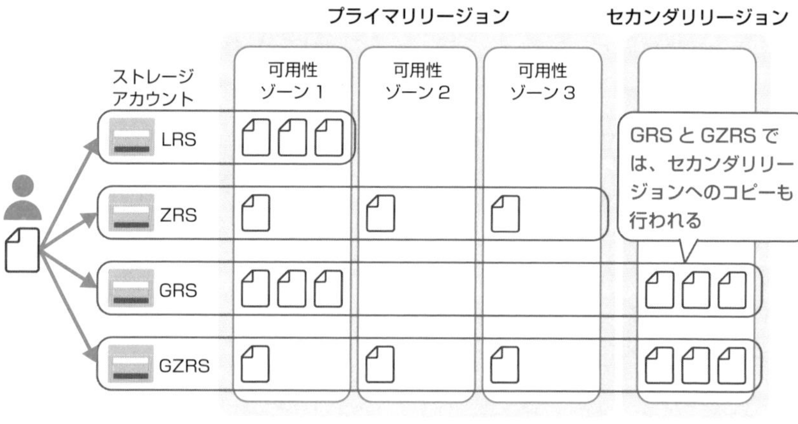

なお、プライマリリージョンのコピーは「同期的」です。つまり、プライマリリージョン内での3回のコピー操作がすべて成功すると、ストレージアカウントへのデータの書き込みが完了します。そして、セカンダリリージョンへのコピーは「非同期的」です。つまり、プライマリリージョンへのデータの書き込み完了後、しばらく時間が経過すると、セカンダリリージョンへのデータの書き込みが完了します。プライマリリージョンへの最新の書き込みと、セカンダリリージョンへの最後

の書き込みにおける間隔は、通常15分以内です。

このように、冗長性オプションによって、コピーされる先は異なります。冗長性の度合いが高くなるほどコストもかかるので、**システムやデータの重要度を勘案して、適切な冗長性オプションを選択することが必要**です。

可用性ゾーンを利用したレプリケーションも可能

第1章ですでに説明しましたが、Azureのリージョンには、可用性ゾーンに対応しているものがあります。たとえば、東日本リージョンは、可用性ゾーンに対応していますが、西日本リージョンは、2021年12月時点では可用性ゾーンに対応していません。可用性ゾーンに対応しているリージョンでは、少なくとも3つの可用性ゾーンが利用可能です。

可用性ゾーンを利用したレプリケーション（ZRS、GZRS）では、データは、プライマリリージョン内の3つの可用性ゾーンに保存されます。これにより、**一部の可用性ゾーンが利用できなくなった場合でも、ストレージアカウントに読み書きのアクセスを行うことができます。**

なお、可用性ゾーンに対応していないリージョンをプライマリリージョンとした場合、ZRSやGZRSは選択できず、LRSかGRSのみを選択できます。

データにアクセスする窓口～プライマリエンドポイント

ストレージアカウントを作成すると、プライマリリージョンのデータにアクセスするための**プライマリエンドポイント**が作成されます。ストレージアカウントを利用するクライアントは、このプライマリエンドポイントに接続することで、データの読み書きを実行します。

ストレージアカウントの作成時に、「リージョンが利用できなくなった場合に、データへの読み取りアクセスを行えるようにします」というチェックボックスをONにすると、プライマリエンドポイントに加え、セカンダリリージョンのデータにアクセスするための**セカンダリエンドポイント**が作られます。そうするとクライアントは、セカンダリエンドポイントに接続することで、セカンダリリージョンからのデータの読み取りを実行できます。

プライマリエンドポイントとセカンダリエンドポイント

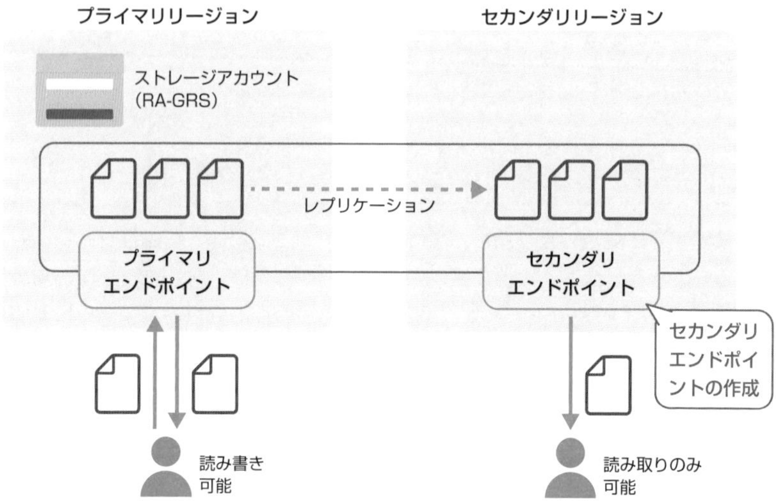

GRSとGZRSという冗長性オプションで、セカンダリエンドポイントを有効にできます。セカンダリエンドポイントを有効にした冗長化オプションはそれぞれ、RA-GRS、RA-GZRSと呼ばれます。「RA」とは、Read Accessを指します。

ストレージアカウントのフェイルオーバー

万が一、プライマリリージョンに障害が発生して、プライマリのエンドポイントへアクセスできなくなった場合、ストレージアカウントに対してフェイルオーバーを行えます。フェイルオーバーは利用者が開始できますが、リージョンが失われるような極端な状況では、マイクロソフトが開始する場合があります。

フェイルオーバーが完了すると、セカンダリリージョンが新たなプライマリリージョンとなります。クライアントが使用するプライマリエンドポイントのアドレスは変化しませんが、その接続先は新たなプライマリリージョンとなります。クライアントは、プライマリエンドポイントを使用して新たなプライマリリージョンに接続することで、データの読み書きを再開します。

なお、フェイルオーバー後のストレージアカウントのレプリケーション設定は、LRSとなります。

ストレージアカウントのコスト

ストレージアカウントのコストは、保存したデータ量、データ転送量（Azureから外部への送信）、選択した冗長化オプション、書き込みや読み込みの操作の数などによって決まります。ストレージアカウントのコストの詳細は、下記のページを参照してください。

- **Azure Blob Storage**
  https://azure.microsoft.com/ja-jp/pricing/details/storage/blobs/
- **Azure Files**
  https://azure.microsoft.com/ja-jp/pricing/details/storage/files/
- **Azure Queue Storage**
  https://azure.microsoft.com/ja-jp/pricing/details/storage/queues/
- **Azure Table Storage**
  https://azure.microsoft.com/ja-jp/pricing/details/storage/tables/

Section 22

オブジェクトストレージ ～Azure Blob Storage

Azure Blob Storageは、ストレージアカウント内で利用できるサービスの1つです。BLOB（Binary Large OBject、「ブロブ」）は「バイナリ形式の大きなオブジェクト」を表す言葉ですが、Azure Blob Storageでは、バイナリ形式に限らず、どのようなデータでも格納できます。

Azure Blob Storageとは

Azure Blob Storage（以降、Blob Storage）は、オブジェクトストレージを提供するサービスです。**オブジェクトストレージ**とは、オブジェクトの単位でデータをアップロード・ダウンロードするストレージのことです。多くの場合、オブジェクトはファイルに対応します。オブジェクトストレージは、テキストデータやバイナリデータなどの大量の非構造化データ（特定のデータモデルや定義に従っていないデータ）を格納するために、最適化されています。ストレージといえば、OneDriveやDropboxのような、エンドユーザー向けのオンラインサービスがありますが、Blob Storageもそれに似た使い方ができるものと捉えるとわかりやすいでしょう。

ただし、Blob Storageは、エンドユーザー向けというよりは、企業のシステムのストレージとして業務データを一時的あるいは長期的に保管したり、システムのバックエンドとしてログデータやバックアップを記録したりするための機能を備えたサービスとなっています。

Azure Blob Storage

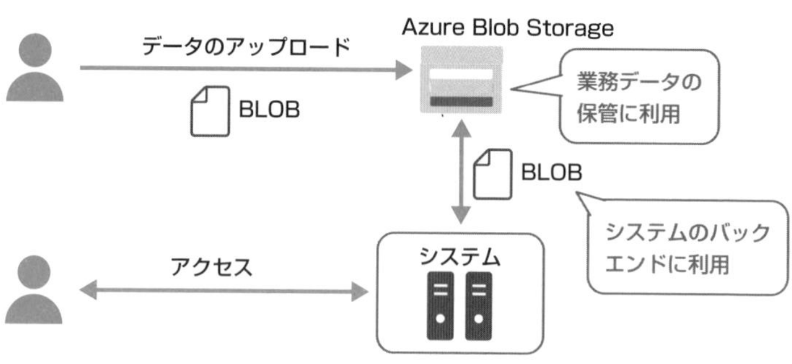

Blob Storageに格納されるデータは**BLOB**または**オブジェクト**と呼ばれます。Blob StorageへBLOBをアップロードしたり、Blob StorageからBLOBをダウンロードしたりすることが可能です。BLOBの送受信のプロトコルには、主に、HTTP(S)が使用されます。

Blob Storageの主な特徴は、以下となります。

Blob Storageの主な特徴

特徴	概要
BLOBの種類	ブロックBLOB、ページBLOB、追加BLOBの3種類をサポート
アクセスの承認	データへアクセスするためには適切な承認が必要。共有キー、SAS、RBACロールなど、いくつかの方法で、データへのアクセスをコントロールする
パブリックアクセス	「匿名パブリック読み取りアクセス」の設定を使用して、承認なしのアクセスを許可できる
アクセス層	ホット、クール、アーカイブの3つのアクセス層をオブジェクト単位で設定可能
ドキュメントの配信	「匿名パブリック読み取りアクセス」や「SAS URL」を使用して、ドキュメントを、Webブラウザに直接配信できる。この場合、BLOBを読み取るための特別なツールは必要ない。エンドユーザーへのファイル配布などに活用できる
データ保護	バージョン管理、論理削除、スナップショット、ポイントインタイムリストア、不変BLOBストレージなどの機能を使用して、重要なデータを保護する
オブジェクトレプリケーション	2つのストレージアカウントの間でブロックBLOBを非同期にコピーできる。2つのストレージアカウントが同じリージョンに存在していても、異なるリージョンに存在していても問題ない。また、異なるサブスクリプションや異なるAzureADテナントに存在していても問題なし
静的なWebサイトのホスティング	静的なコンテンツ(HTML、CSS、JavaScript、画像ファイルなど)をホスティングし、Webサイトを運用できる。カスタムドメインの割り当ても可能。Azure CDN(コンテンツ配信サービス)を有効化すると、高速なコンテンツ配信ができる

なお、静的なWebサイトのホスティングについては、より新しくて高機能なサービスである**Azure App Service Static Web Apps**も利用できます。

Blob Storageの構造

Blob Storageを使用するには、まずストレージアカウントを作成します。次にコンテナーを作成し、コンテナーにBLOBをアップロードしたりダウンロードしたりします。オプションで、BLOBのアップロード時に、フォルダーを指定することもできます。

コンテナーは階層化できませんが、フォルダーは階層構造にできます（フォルダーの中にフォルダーを作れます）。また、ストレージアカウントに含めることができるコンテナーの数には制限がなく、1つのコンテナーに格納できるBLOBの数にも制限はありません。1つのBLOBあたりの最大サイズは、約190TiBとなります（ブロックBLOB場合）。

Blob Storageの構造

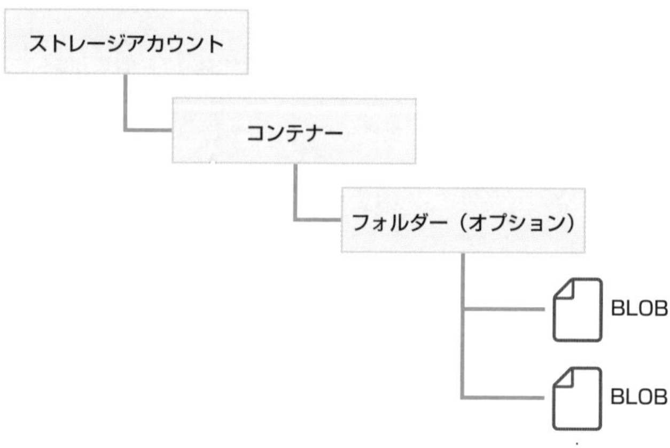

BLOBの種類

BLOBには、「ブロックBLOB」「ページBLOB」「追加BLOB」という種類があり、BLOBのアップロード時に指定します。BLOBは、内部的には複数の**ブロック**または**ページ**で構成されます。これらは、ブロック単位またはページ単位でのアクセスに利用されます。アプリケーションやサービスの利用者は、ブロックやページを意識する必要はありませんが、Azureを利用する開発者は、BLOBの種類を適切に選ぶためにも、ブロックやページといった言葉は理解しておくといいでしょう。

BLOBの種類

BLOBの種類	概要
ブロックBLOB	大量のデータを効率的にアップロードするために最適化されている（複数のブロックを並列でアップロード可能）
ページBLOB	ランダムな読み取りと書き込みの操作用に最適化された、512バイトのページのコレクションであり、Azureのディスク（VHDファイル）を記録するために使用される
追加BLOB	ログファイルの末尾に新しいログデータを追記していくといった、追加の操作に最適化されている。ブロックをBLOBの末尾に追加可能

Azure portalでのBLOBのアップロード

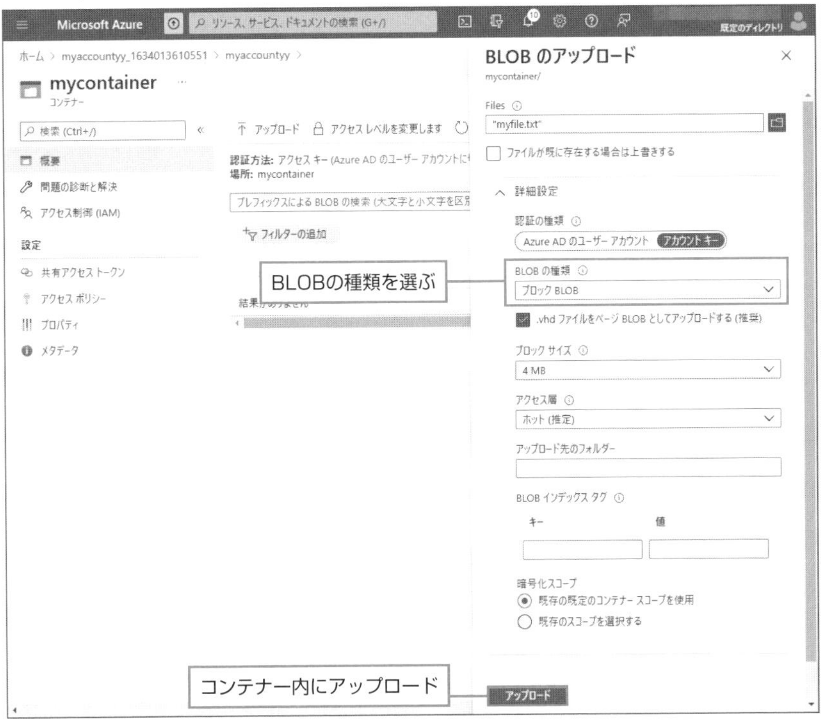

アクセスの承認／委任

BLOBにアクセスするには、後述する「パブリックアクセス」を使う場合を除き、**アクセスの「承認（authorization）」または「委任（delegation）」が必要です**。つまり、BLOBへのアクセス要求は、以下のいずれかの方法で、**明示的に許可される必要があります**。

アクセスを承認／委任する方法

承認／委任の方法	概要
共有キー承認（Shared Key authorization）	ストレージアカウントには、2つの「アクセスキー」が生成される。これらのキーをアクセスの承認に利用する。ストレージアカウントに対するフルアクセスが可能
Azure ADによる承認（Azure AD authorization）	ユーザー、グループ、アプリケーションなどの「セキュリティプリンシパル」に、「ストレージBLOBデータ所有者」（コンテナーとBLOBの全操作が可能）「ストレージBLOBデータ共同作成者」（コンテナーとBLOBの読み書き・削除が可能）「ストレージBLOBデータ閲覧者」（コンテナーとBLOBの読み取りのみ可能）などのRBACロールを割り当てることで、アクセスを承認する
共有アクセス署名によるアクセスの委任（Access delegation with SAS）	共有アクセス署名（Shared Access Signature）を使用して、コンテナーとBLOBへの制限付きアクセスを許可する

また、Blob Storage以外のストレージアカウントのサービス（Files、Table、Queue）へのアクセスにおいても、それぞれ適切な承認や委任が必要となります。

共有アクセス署名を使ったアクセスの委任

共有アクセス署名（Shared Access Signature。以降、SAS）を使用すると、あるクライアントが別のクライアントに、有効期限や操作方法を限定した形でアクセスを許可できます。これを**委任（delegation）**といいます。

個々のBLOBは、それにアクセスするためのURLを持ちます。**SAS URL**は、その個々のURLの末尾に**SASトークン**が追加されたものです。SASトークンは、リソースに対するアクセス許可（読み取り・書き込みなど）、有効になる日時、有効期限、使用できるIPアドレスなどの情報が含まれており、ストレージアカウントのアクセスキーなどによって署名されます。キーにアクセスできるクライアントだけが、SASトークンやSAS URLを作れます。

たとえばあるWebアプリケーションで、Webブラウザからファイルをアップロードする機能が必要な場合を考えてみます。サーバーサイド側のプログラムで、BLOBのアップロードを許可する短い有効期限を持ったSAS URLを生成して、Webブラウザ上で動いているJavaScriptプログラムに、SAS URLを渡すことができます。SAS URLを受け取ったJavaScriptプログラムは、それを利用して、有効期限までの間、ファイルをBLOBとしてアップロードできます。このようにSASを利用すると、JavaScriptプログラム内にアクセスキーを埋め込む必要がなくなります。

SASによるアクセスの委任

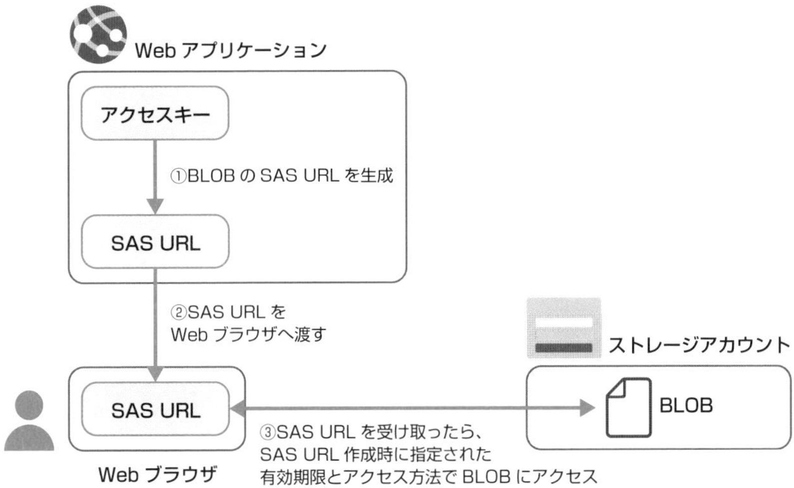

SASを作成するときは、クライアントがアクセスできるAzure Storageのリソース、それらのリソースに対するアクセス許可、SASの有効期間などの制約を指定します。この制約を**アクセスポリシー**の形で定義しておくと、SASの生成時にその名前を指定することによって、ポリシーを参照することもできます（サービスSASのみ）。

またSASには、「アカウントSAS」「サービスSAS」「ユーザー委任SAS」という種類があります。マイクロソフトは、可能な限り「ユーザー委任SAS」を使用することを推奨しています。

SASの種類

SASの種類	概要	署名に使用されるキー	アクセスポリシーのサポート
アカウントSAS	複数のストレージサービス（Blob、File、Queue、Table）へのアクセスを委任する	ストレージアカウントキー	なし
サービスSAS	コンテナーまたはBLOBへのアクセスを委任する。事前に作成された「アクセスポリシー」を関連付けてSASを作成するか、ポリシーを関連付けせずに「アドホックSAS」を作成する	ストレージアカウントキー	あり
ユーザー委任SAS	コンテナーまたはBLOBへのアクセスを委任する	Azure ADの資格情報（credential）を使用して作成されたキー	なし

承認や委任を不要にする「パブリックアクセス」

BLOBのコンテナーに対し、**匿名パブリック読み取りアクセス（anonymous public read access）**を使用すると、任意のユーザーからのアクセスを許可できます。この場合は、**アクセスのための承認や委任は不要**です。

コンテナーでは、以下の「パブリックアクセスレベル」のいずれかを設定します。なお、コンテナー内の個々のBLOBには、パブリックアクセスレベルの指定はありません。

パブリックアクセスの種類

パブリックアクセスレベル	Azure portal上の表記	概要
パブリック読み取りアクセスなし	プライベート（匿名アクセスはなし）	デフォルトの設定。アクセスのためには共有キー、Azure AD、SASなどによる承認が必要
BLOBに限定したパブリック読み取りアクセス	BLOB（BLOB専用の匿名読み取りアクセス）	コンテナー内のBLOBを匿名で読み取りできるようにする
コンテナーとそのBLOBに対するパブリック読み取りアクセス	コンテナー（コンテナーとBLOBの匿名読み取りアクセス）	BLOBの匿名読み取りに加えて、コンテナー内のBLOBをリスト（一覧表示）できる

たとえば、「myaccount」というストレージアカウントに「mycontainer」というコンテナーを作り、コンテナーに「myfile.txt」というBLOBをアップロードしたとします。

ストレージアカウントとコンテナーの作成例

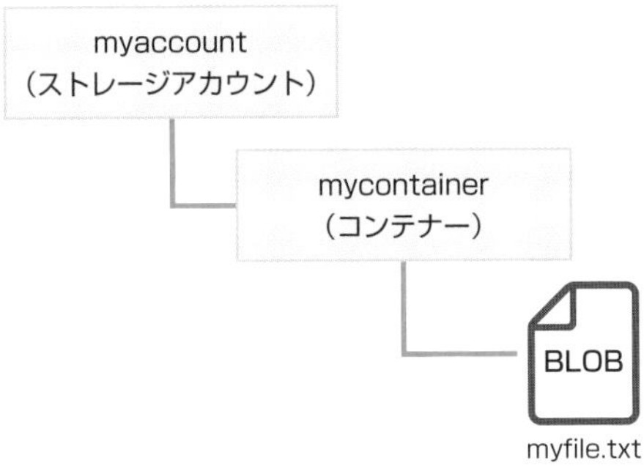

コンテナーに「BLOBに限定したパブリック読み取りアクセス」を設定した場合、次のようなURLを使用して、BLOBの読み取り（ダウンロード）を行えます。

```
https://myaccount.blob.core.windows.net/mycontainer/myfile.txt
```

また、コンテナーに「コンテナーとそのBLOBに対するパブリック読み取りアクセス」を設定した場合、次のようなURLを使用して、コンテナーの中のBLOBをリストできます。つまり、コンテナーの中にどのようなBLOBが含まれているのかを確認可能です。

```
https://myaccount.blob.core.windows.net/mycontainer?restype=container&com
p=list
```

BLOBのアクセス層

Blob Storageでは、BLOB単位で、「ホット」「クール」「アーカイブ」という3つの**アクセス層**を設定できます。「ホット」よりも「クール」のほうが、そして「クール」よりも「アーカイブ」のほうが、ストレージコストは下がります。そのため、アクセス頻度が低いBLOBのアクセス層を「クール」や「アーカイブ」に設定すると、ストレージコストの節約につながります。

アクセス層ごとの特徴

アクセス層	概要
ホット	頻繁にアクセスされるデータの格納に最適
クール	アクセスされる頻度は低いものの、少なくとも30日以上保管されるデータの格納に最適
アーカイブ	ほとんどアクセスされず、少なくとも180日以上保管され、待ち時間の要件が柔軟（数時間単位）であるデータの格納に最適

ストレージアカウントの設定で、デフォルトのアクセス層を、ホットまたはクールに指定できます。

ストレージアカウント作成時のアクセス層の指定

個々のBLOBについては、アップロード時、またはアップロード後に、アクセス層を明示的に、ホット、クール、アーカイブに指定できます。

BLOBアップロード時のアクセス層の指定

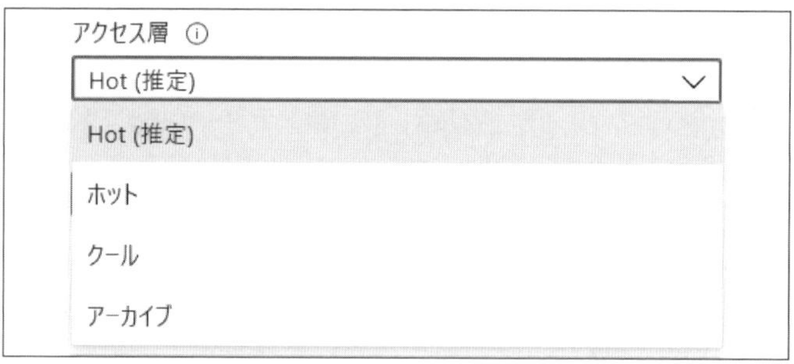

BLOBのアクセス層を特に指定しない場合、そのデフォルト値は「ホット（推定）」となります。この場合はBLOBに、ストレージアカウントに対して設定されたアクセス層が適用されます。つまり「（推定）」という表示は、BLOBに対して明示的にアクセス層が指定されていないので、アカウントで設定したアクセス層が適用されているということを示します。

なお、個々のBLOBのアクセス層は手動で設定しますが、後述する「ライフサイクル管理ポリシー」を使用すると、アクセス層の設定を自動化できます。

Column 「アーカイブ」アクセス層

BLOBのアクセス層を「アーカイブ」に設定した場合、データはオフラインとなり、読み取り・変更ができなくなります（プロパティ、メタデータ、インデックスタグなどの読み取りは可能です）。アーカイブに設定されたBLOBを読み取り・変更するには、「リハイドレート（rehydrate）」を行う必要があります。リハイドレートする方法は2つあります。

- **アーカイブされたBLOBをホットまたはクールのBLOBにコピーする**
- **BLOBのアクセス層をホットまたはクールに変更する**

なお、リハイドレートには数時間かかることがあります。

またアーカイブ層のBLOBは、少なくとも180日間格納する必要があります。180日間より前にアーカイブ済みBLOBを削除またはリハイドレートすると、**早期削除料金**が発生します。そのためアーカイブ層を利用する際は、リハイドレートや早期削除料金に関する仕様を理解することが重要です。アーカイブ層は、将来の利用に向けて長期的に保存するものの、通常はアクセスすることがないといったデータを記録する場合に、最も低コストとなるオプションです。

ライフサイクル管理ポリシーを使ったコストの節約

ライフサイクル管理ポリシーは、日数を指定して、アクセス層（ホット、クール、アーカイブ）を自動的に変更したり、BLOBを削除したりといったことを行える機能です。これにより、**ストレージコストを自動的に節約できます。**

ポリシーは、複数の**ルール**で構成されます。たとえば、以下のようなルールを設定できます。

- **BLOBの最終変更から30日後に、アクセス層をクールに変更する**
- **BLOBの最終アクセスから365日後に、BLOBを削除する**

ライフサイクル管理ポリシー

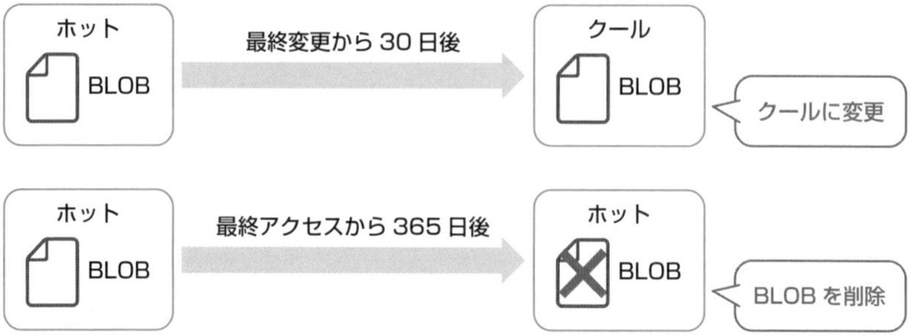

ライフサイクル管理ポリシーは、Azureプラットフォームにより、1日1回実行されます。

Blob Storageのデータ保護機能

Blob Storageでは、「バージョン管理」や「論理的な削除」といった、多彩なデータ保護機能を活用できます。

Blob Storageの主なデータ保護機能

データ保護の機能	概要
バージョン管理	以前のバージョンのオブジェクトを自動的に維持し、データが誤って変更または削除された場合に復旧可能
論理的な削除	削除されたBLOBまたはコンテナーを一定期間保持する。保持期間中は、削除されたBLOBやコンテナーを復元可能
スナップショット	ある時点のBLOBの読み取り専用コピーを作成する
変更フィード	BLOBとBLOBメタデータに対して行われるすべての変更のトランザクションログを提供。低コストで、Blob Storageで発生する変更イベントを処理するソリューションを構築できる
ポイントインタイムリストア	ブロックBLOBデータを以前の状態に復元できるようにすることで、誤った削除や破損を防ぐ

なお、「バージョン管理」や「論理的な削除」は、BLOBまたはコンテナーに対する操作ですが、**ポイントインタイムリストアは、ストレージアカウントのブロックBLOB全体に対する操作です**。たとえば、多数のファイルを誤って削除してしまった場合、「バージョン管理」や「論理的な削除」を使って復元することも可能ですが、ポイントインタイムリストアで復元したほうが便利です。

Column 不変BLOBストレージを使ったデータの保護

Blob Storageでは、コンテナーに設定する、「不変BLOBストレージ」というデータの保護機能も用意されています。不変BLOBストレージには、以下の2つのアクセスポリシーがあります。

- **「時間ベースの保持」ポリシー**
  コンテナーに「時間ベースの保持」というアクセスポリシー（「保持期間」の日数）を設定すると、保持期間の間は、BLOBの作成と読み取りは可能で、消去と変更はできないようになります。保持期間の期限が切れると、BLOBはその後も変更できない状態のままですが、削除はできるようになります。

- **「訴訟ホールド」ポリシー**
  コンテナーに「訴訟ホールド」というアクセスポリシー（1つ～複数のタグ）を設定すると、このアクセスポリシーが存在する間、BLOBの作成と読み取りは可能で、変更または削除ができません。

不変BLOBストレージの設定

Blob Storageで利用できるツールとサービス

Blob Storageの操作は、Azure portalから行えます。Blob Storageへのアクセスに利用できるそのほかのツールとしては、以下のものがあります。

Blob Storageで利用できるツール

名称	概要
AzCopy	Azure Storageとの間でデータを移動するコマンドラインツール。AzCopyを使用すると、ローカルやAzure Files、S3（AWSのストレージサービス）、Cloud Storage（Google Cloudのストレージサービス）などから、Blob Storageへデータをコピーできる
Storage Explorer	Windows、macOS、Linuxに対応した、スタンドアロンのアプリケーション。ストレージアカウントに接続し、コンテナーの一覧表示、作成、削除、コピー、コンテナー内のBLOBの一覧表示、アップロード、ダウンロード、削除などを実行できる

Blob Storageと連携できるAzureのサービスは、主に以下のものがあります。

Blob Storageと連携できるAzureのサービス

名称	概要
Azure Functions	入力／出力バインドとトリガーが利用できる。バインドを使用すると、関数から簡単にBLOBを読み書きできる。トリガーを使用すると、Blob Storageデータが変更されたときにAzure Functionsを呼び出し、データを関数で処理するといったことが可能
Azure Logic Apps	Azure Logic AppsのAzure Blob Storageコネクターを使用して、ロジックアプリから、BLOBの作成・削除・リスト・コンテンツの読み取り・コピー・SASの生成・アクセス層の変更などを実行できる。また、「BLOBが追加/更新された場合」トリガーを使用すると、ロジックアプリの起動も可能
Azure Data Factory	Data FactoryのBlobコネクターを利用して、他のサービスとBlob Storageの間でデータを転送できる
Azure Data Box	オンプレミスとAzureの間で、専用の物理ストレージデバイスを使用して、テラバイトからペタバイト単位のデータを転送できる

Section 23 ファイル共有 ～Azure Files

Azure Filesも、ストレージアカウント内で利用するサービスの1つです。Blob Storageとの違いが少々わかりにくい部分もあるので、その点も含めて見ていきましょう。

Azure Filesとは

Azure Filesは、ファイル共有のためのサービスです。前節で紹介したBlob Storageのコンテナーに相当するものは、Azure Filesでは**ファイル共有**と呼ばれます。1つの「ファイル共有」は、複数のファイルやフォルダーを格納します。

Azure Filesを使用するにはまず、ストレージアカウントを作成します。そしてストレージアカウント内に、「ファイル共有」を作成します。

Azure Filesの構造

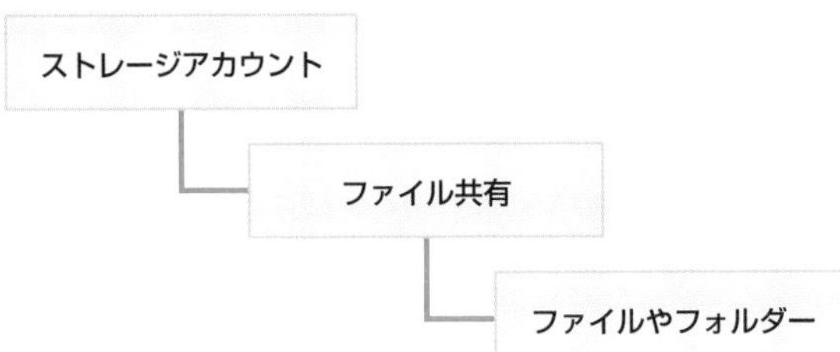

Blob Storageとの大きな違いは、Azure Filesを使うと、**AzureのVMやオンプレミスのコンピュータから「ファイル共有」をマウント（接続）して、OSのドライブとして利用できる**という点です。「ファイル共有」のドライブでは、Windowsのエクスプローラー、macOSのFinder、あるいは一般のアプリケーションから、コンピュータに直接接続されたドライブと同じように、ファイルやフォルダーを読み書き可能です。1つの「ファイル共有」は、複数のVMやオンプレミスのコンピュータから同時にマウントも行えます。

複数のVMやオンプレミスからのマウント

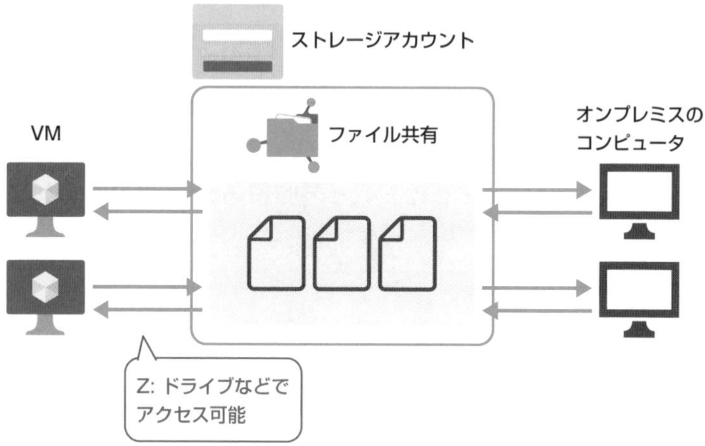

Azure Filesの主な特徴は、以下となります。

Azure Filesの主な特徴

特徴	概要
プロトコル	SMBプロトコル（2.1、3.0）とNFSプロトコル（4.1）に対応
マウント	VMやオンプレミスのコンピュータなどから、「ファイル共有」をマウントしてアクセス可能。Windows、Linux、macOSに対応
最大容量	「ファイル共有」あたりのデフォルトの最大容量は5TiB。ストレージアカウントがLRSまたはGRSの場合は、最大容量を100TiBにセットできる
クォータ	「ファイル共有」に含まれるファイルの合計サイズを制限するために、クォータをGiB単位で設定できる。クォータは、1GiB以上、「最大容量」以下で指定する
アクセス層	Premium、トランザクション最適化、ホット、クールの4種類をサポート（詳細は後述）
IDベースの承認と認証	オンプレミスAD DSと、Azure Active Directory Domain Servicesを介した、SMB経由のIDベース認証をサポート（詳細は後述）

「ファイル共有」のアクセス層

「ファイル共有」を作成する際、4種類のアクセス層のうちいずれかを選択します。あとから変更することも可能です。デフォルト値は「トランザクション最適化」です。

アクセス層の種類

アクセス層	概要
Premium	高いスループットと短い待機時間で、I/O集中型のワークロードに適している
トランザクション最適化	一貫した待機時間を必要としない、トランザクション負荷の高いワークロードに適している
ホット	チーム共有やAzure File Syncなどの汎用ファイル共有シナリオ用に最適化されている
クール	オンラインアーカイブストレージのシナリオ向けに最適化された、コスト効率に優れたストレージ

なお、「Premium」を選択するには、ストレージアカウントの作成時に、パフォーマンスを「Premium」、種類を「ファイル共有」にしておく必要があります。

Azure Filesのデータ保護機能

Azure Filesでは、スナップショット、バックアップ、論理的な削除によるデータ保護を行うことができます。

Azure Filesのデータ保護機能

保護の機能	概要
スナップショット	ある時点の「ファイル共有」の読み取り専用コピーであるスナップショットを簡単に作成できる（詳細は後述）
バックアップ	Azure Backupを使用したバックアップと復元を実行。詳細は第7章で解説
論理的な削除	ストレージアカウントレベルで、「ファイル共有」の論理的な削除を有効または無効に設定できる。有効にしておくと、誤って「ファイル共有」を削除した場合に、削除の取り消しができる。保持ポリシーとして、削除された「ファイル共有」を保持する日数を1～365日の間で設定できる

○スナップショット

Azure Filesのデータ保護機能として紹介した「**スナップショット**」は、ファイル共有に対してスナップショットを作成できる機能です。作成したスナップショットは、もととなる「ファイル共有」に関連付けて記録されます。スナップショットの中には、スナップショット作成時点でのもとの「ファイル共有」に格納されていたすべてのファイルが格納されており、それらにはいつでもアクセスできます。スナップショットの内部のファイルは変更・削除できませんが、スナップショット自体は、削除可能です。スナップショットの作成と削除は手動です。

「ファイル共有」のスナップショット

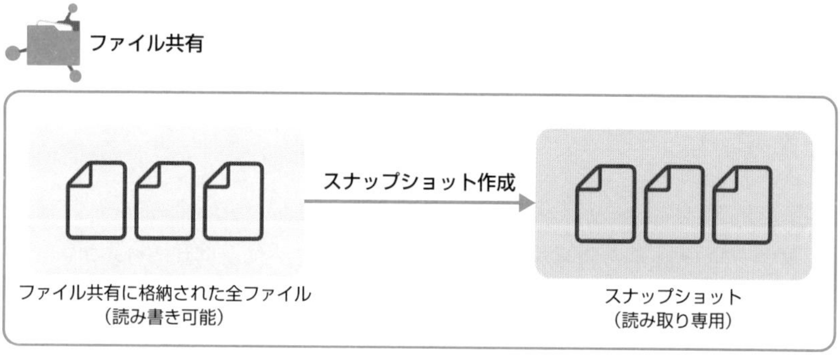

なお、バックアップ(Azure Backup。第7章を参照)を使用すると、スケジュールに基づき、定期的・自動的に「ファイル共有」全体をバックアップできます。

IDベースの認証と承認

Azure Filesでは、オンプレミス Active Directory Domain Services (AD DS) とAzure Active Directory Domain Services (Azure AD DS) を介した、SMB (サーバーメッセージブロック) 経由のIDベースの認証がサポートされます。

Azure Filesでは、共有とディレクトリ・ファイルレベルの両方へのユーザーアクセスで承認が適用されます。共有レベルのアクセス許可の割り当ては、Azure ロールベースのアクセス制御 (Azure RBAC) モデルを通して管理されている Azure Active Directory (Azure AD) ユーザーまたはグループに対して実行できます。

Azure Filesで利用できるツールとサービス

Azure Filesの操作は、Azure portalから行えます。また「ファイル共有」をマウントしたAzureのVMやオンプレミスのコンピュータから、ファイルやフォルダーを操作できます。アクセスに利用できるそのほかのツールとしては、以下のものがあります。

Azure Filesで利用できるツール

名称	概要
AzCopy	AzCopyコマンドラインツールを使用して、「ファイル共有」を作成したり、ローカルコンピュータと「ファイル共有」の間でファイルをアップロード・ダウンロードしたりできる
Storage Explorer	Windows、macOS、Linuxに対応した、スタンドアロンのアプリケーション。ストレージアカウントに接続し、テーブルの一覧表示、作成、削除、テーブルのエンティティの一覧表示・作成・削除を実行できる

Azure Filesと連携できるAzureのサービスは、主に以下のものがあります。

Azure Filesと連携できるAzureサービス

名称	概要
Azure Logic Apps	Azure Logic AppsのAzure Filesコネクターを使用して、ロジックアプリから、Azure Filesのファイルの作成・変更・削除・リスト・コンテンツの読み取りを実行できる
App Service	App Serviceに、BLOBコンテナーや「ファイル共有」をアタッチできる
Azure Container Instances(ACI)	Azureで最も高速かつ簡単に、コンテナー(仮想化技術の一種)を実行できる。「ファイル共有」を、コンテナー内のボリュームとしてマウントすることもできる
Azure Kubernetes Service (AKS)	Kubernetesクラスターを Azureに短時間でデプロイできる。「ファイル共有」をポッドにマウントすることで、複数のノードとポッドにまたがったデータの共有が可能

Section 24

キューストレージ ～Azure Queue Storage

Azure Queue Storageは、ストレージアカウント内で利用するサービスの1つです。これまで紹介したBlob StorageやAzure Filesとは、機能や使い方が異なるサービスです。

Azure Queue Storageとは

Azure Queue Storage (以降、Queue Storage) は、多数の**メッセージ**を格納するためのキューを提供するサービスです。メッセージとは、任意の形式の64KiB (キビバイト) 以内のデータのことです。典型的な例として、メッセージにJSON形式のテキストを利用してデータの場所や処理内容などを表現するといったものがあります。キューには、ストレージアカウントの総容量の上限 (500TiB) を超えない限り、いくつでもメッセージを格納できます。

Queue Storageは、システムやアプリケーション、プログラムなどの**2つのコンポーネント間で、メッセージを受け渡しするためのしくみ**として利用されます。たとえば、コンポーネントAがメッセージを生成してキューに書き込み、別のコンポーネントBが、キューからメッセージを取り出して必要な処理を行います。キューを使うと、2つのコンポーネントが**疎結合**になるというメリットがあります。つまり、コンポーネントAとBは、互いに相手の詳細 (接続のためのアドレスなど) を知る必要がなく、また、相手の状態 (メンテナンスのため停止中、など) とは無関係に、キューを介して、メッセージを送受信することが可能となります。

なお一般的に、キューにメッセージを追加することをエンキュー (enqueue)、キューからメッセージを取り出すことをデキュー (dequeue) と呼びます。ただしQueue Storageの命令としては、**Send (キューにメッセージを送信する)** と**Receive (キューからメッセージを受信する)** という言葉を使います。

キューを使用してコンポーネントを疎結合にする

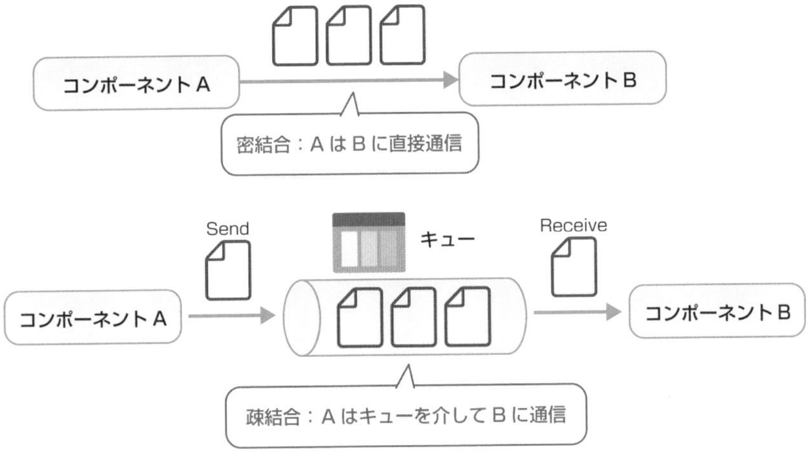

Queue Storageの利用例

2つのコンポーネントが疎結合になるという特徴があるため、Queue Storageの利用例としては、以下のものが考えられます。

- アプリケーションコンポーネントを分離することで、スケーラビリティや耐障害性を向上させます。
- 非同期的な処理用に、バックログ（未処理・未着手の作業）を作成します。たとえば、別のタイミングで実施される複数の作業を、キューのメッセージとして記録させます。
- 負荷の平準化（速度調整）。たとえば、多数のクライアントが同時にデータベースに接続してデータを書き込もうとすると、データベース側の接続の上限数に達した場合、接続や書き込みが失敗します。そのため、クライアントはキューにメッセージを追加するようにします。この場合、キューからのメッセージの取り出しと、データベースへの（適切なペースでの）データ書き込み処理は、別のプロセスが担当します。

Queue Storageの構造

Queue Storageを使用するには、まずストレージアカウントを作成します。そしてストレージアカウントの中に、キューを作成します。キューにメッセージを追加したり、キューからメッセージを取り出したりすることができます。キューの名前は有効なDNS名である必要があり、一度作成したら変更できません。

メッセージの最大サイズは64KiBです。メッセージそのものにはそれほど大きなデータを格納できませんが、たとえば大きなデータはBlob Storageに配置し、メッセージにはそのURLを記載するといった方法を取ると、メッセージの最大サイズの制限を回避できます。またメッセージには、「メッセージテキスト」(本文)と「最大有効期限」を指定します。

Queue Storageの構造

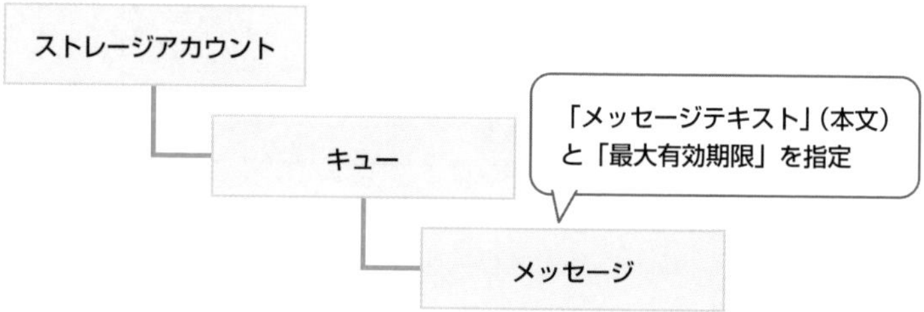

メッセージには「最大有効期限」を設定可能

各メッセージには、**最大有効期限**を設定します。最大有効期限は、TTL (Time-To-Live) とも呼ばれます。有効期限が過ぎると、メッセージはキューから自動的に削除されます。Azure portal上で、キューにメッセージを追加する際の、デフォルトの有効期限は7日間です。たとえば、「2021/4/25 12:00:00」の時点で、有効期限を30分に指定したメッセージをキューに追加します。そのメッセージの有効期限は「2021/4/25 12:30:00」となり、有効期限が過ぎると、そのメッセージは自動的に削除されます。たとえば、「あるアプリケーションで表示するお知らせをメッセージとしてキューに記録するが、期間限定のお知らせだけは、期間が過ぎたらアプリケーションに表示させたくない」といった場合に、最大有効期限を活用します。

最大有効期限によるメッセージの削除

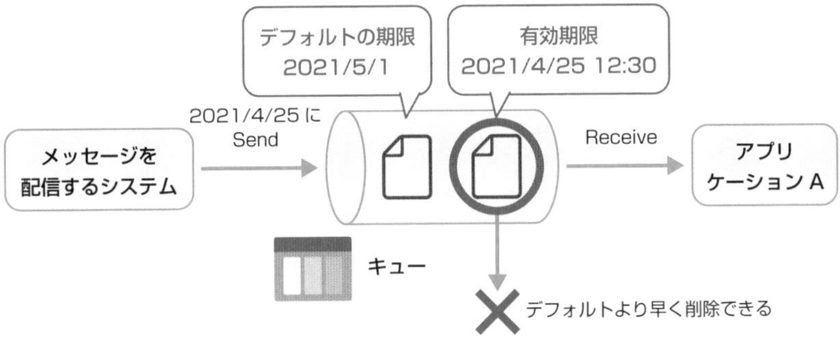

また、有効期限を「無期限」とすることもできます。無期限に設定した場合は、明示的に削除されるまで、メッセージはキューに保持され続けます。Azure portal上では「メッセージの有効期限なし」を選択すると、無期限になります。

キューの操作を行うには

キューのメッセージは、Azure portal上からマニュアルで操作することもできますが、多くの場合、C#などで開発されたプログラムを用いて操作します。クライアントプログラムでは、**キューへのアクセスを行うために、AzureのSDK(Software Development Kit)を使用**します。

キューにメッセージを送信するクライアントプログラムは、SDKのSendMessage(メッセージの送信)を呼び出すことで、キューにメッセージを格納します。

また、キューからメッセージを取り出して処理をするクライアントプログラムは、以下のような手順を取ります。

①ReceiveMessages(メッセージの取り出し)を呼び出して、メッセージをキューから取得。1個～最大で32個のメッセージを取り出せる
②取り出したメッセージのそれぞれについて、必要な処理を行い、DeleteMessage(メッセージの削除)を呼び出してメッセージをキューから削除

クライアントがReceiveMessagesを呼び出してメッセージを取り出しても、**メッセージはキューからただちに削除されるわけではない**という点に気を付けてください。この仕様は、クライアントがメッセージを取り出して処理をしている最中に、ハードウェアまたはソフトウェアの問題で、クライアントが停止してしまうというケースに対処するためのものです。クライアントが停止してしまった場合でも、メッセージはまだキューに残っているので、メッセージは失われません。クライアントが再開したら、メッセージの取り出しと処理をやり直すことができます。つまり、メッセージが正しく処理された場合のみ、キューからメッセージが削除されるというわけです。

メッセージ処理の負荷分散

キューのメッセージが大量に存在する場合や、それぞれのメッセージの処理にとても時間がかかる場合は、1つのキューに多数のクライアントを接続して、メッセージの処理を負荷分散（並列処理）できます。このとき、1つのメッセージが複数のクライアントから同時に読み込まれないようにする必要があります。これは**可視性**という方法で制御されます。

キュー上のメッセージは「可視性」という状態を持ちます。つまりメッセージは、メッセージを取り出そうとするプログラムから**「見える」か「見えない」かという2つの状態**を取ります。キュー内のメッセージは、最初「見える」状態になっています。この状態のメッセージは、ReceiveMessagesによって取り出せます。メッセージが取り出されると、そのメッセージの可視性が「見えない」状態へと変わります。デフォルトでは、「見えない」状態は30秒間続きます。この時間のことを、**可視性タイムアウト**といいます。

メッセージを受信したクライアントは、可視性タイムアウトの時間に到達するまでに、受信したメッセージの処理を完了し、DeleteMessageでメッセージを削除します。可視性が「見えない」状態でも削除は可能です。

また、メッセージを受信したクライアントは、UpdateMessageを呼び出して、受信したメッセージの可視性タイムアウトの時間を更新することもできます。メッセージの処理に時間がかかるような場合は、そのメッセージの可視性タイムアウトの時間を「延長」します。逆に、何らかの理由（すぐにVMを停止する必要があるなど）、自身でのメッセージの処理をただちに中断したい場合は、受信済みのメッセージの可視性タイムアウトの時間を「0」に設定して（可視性を「見える」状態へ更新して）、他のクライアントにそれらのメッセージの処理を引き継がせることもできます。

複数のVMによるメッセージ処理

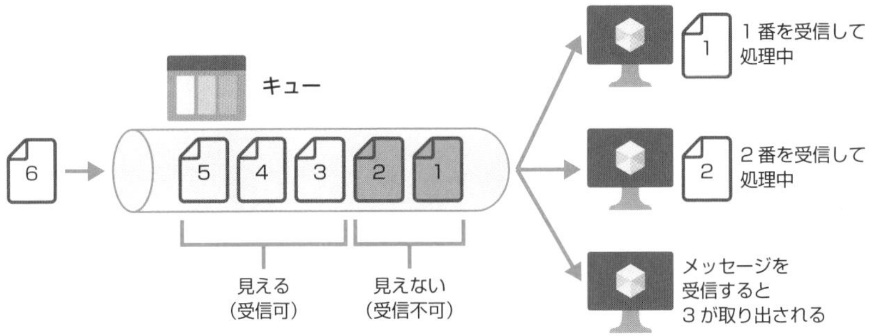

メッセージに行える主な操作

ここでは、メッセージに行える主な操作を紹介します。操作の名称は、「.NET用Azure Queue Storageクライアントライブラリv12」に基づきます。

メッセージの操作

操作	概要
SendMessage	メッセージをキューに送信
ReceiveMessage／ReceiveMessages	メッセージをキューから読み取る。ReceiveMessagesでは、最大3つのメッセージを同時に読み取る
PeekMessage／PeekMessages	メッセージをキューから読み取るが、ReceiveMessage(s)とは異なり、可視性タイムアウトの変更は行わない
UpdateMessage	メッセージの可視性とコンテンツの更新を行う
DeleteMessage	メッセージを削除する

- **ライブラリのドキュメント**
  https://docs.microsoft.com/ja-jp/dotnet/api/azure.storage.queues.queueclient?view=azure-dotnet

Queue Storageと連携できるサービス

Queue Storageと連携できるAzureのサービスは、主に以下のものがあります。

Queue Storageと連携できるAzureのサービス

名称	概要
Azure Functions	入力／出力バインドとトリガーが利用できる。バインドを使用すると、関数から簡単にBLOBを読み書き可能。トリガーを使用すると、Blob Storageデータが変更されたときにAzure Functionsを呼び出し、データを関数で処理できる
Azure Logic Apps	Azure Logic AppsのAzure Queue Storageコネクターを使用して、ロジックアプリから、キューの作成·一覧、メッセージの作成·読み取り·削除を実行できる。また、「キューにメッセージが格納された場合」「キューに指定した個数のメッセージが格納された場合」などのトリガーを使用すると、ロジックアプリの起動も可能

Section 25 NoSQLデータストア ～Azure Table Storage

本章の残りの節では、Azureのデータストアやデータベースのサービスについて解説していきます。

- 第25節: Azure Table Storage: NoSQLデータストア
- 第26節: Azure Cosmos DB: NoSQLデータベース
- 第27節: Azure SQL Database: リレーショナルデータベース

なお一般的に、**NoSQL**とは「Not Only SQL」のことで、**リレーショナルデータベース以外のデータベースを指します**。基本的に、リレーショナルデータベースが表形式の**構造化データ**を扱うのに対し、NoSQLのデータベースでは、必ずしも構造化データを扱うとは限りません。

Azureでは、NoSQLのデータストアであるAzure Table Storageサービスに加え、NoSQLデータベースのAzure Cosmos DBも提供されています。Azure Cosmos DBは、1桁ミリ秒の遅延時間でのアクセス、スループットの保証など、より高性能で、高度な機能を備えています。Azure Cosmos DBは、次節で解説します。

Azure Table Storageとは

Azure Table Storage(以降、Table Storage)は、ストレージアカウント内で利用できるサービスの1つであり、NoSQLデータストアを提供します。Table Storageは、Webアプリケーションのユーザーデータやアドレス帳、デバイス情報、そのほかにサービスで必要なメタデータなどの格納に、よく利用されます。またTable Storageは、Azure Cosmos DBよりも構造が単純であるため、簡単に使うことができます。

Table Storageには、大量の構造化データを格納できます。Table Storageのデータは、画像や動画、フリーフォーマットのテキストなどとは異なり、**エンティティとプロパティという構造**を持っています。

Table Storageを使用する場合、ストレージアカウント内に**テーブル**を作ります。このとき、リレーショナルデータベースのような「列」の定義は不要です。テーブルには**エンティティ**を格納します。テーブルやエンティティの数に制限はなく、ストレージアカウントの容量の上限までデータを保存できます。

Table Storageの構造

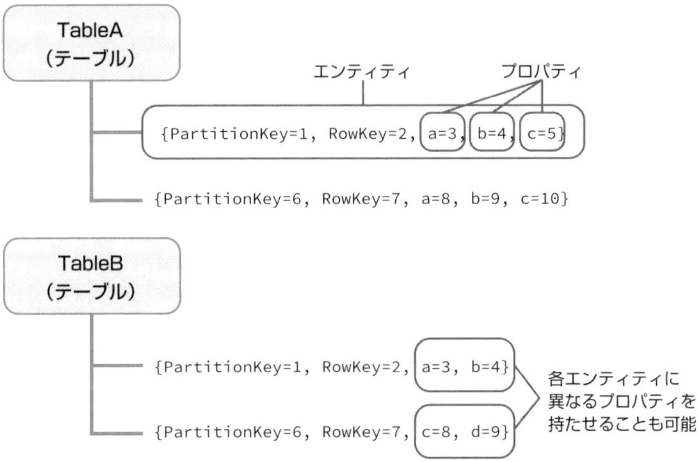

Table Storageは「スキーマレス」のデータストアであり、**テーブルがどのようなプロパティを持つかという定義は必要ありません。**TableAのように、各エンティティに同じプロパティのセットを持たせることができますが、TableBのように、各エンティティに異なるプロパティのセットを持たせることもできます。

なお、プロパティを入れ子にすることはできません。つまり「{a={b=1,c=2}}」といった構造は記録できません。

Table Storageの主な特徴

Table Storageの主な特徴は、以下となります。

Table Storageの主な特徴

特徴	概要
性能	ストレージアカウントあたり、最大20000トランザクション/秒、1パーティションあたり2000エンティティ/秒のスループット（エンティティ=1KBの場合）を利用できる
可用性	最大で99.99%の可用性がSLAとして提供される
リージョンによる冗長化	ストレージアカウントでGRSなどを選択すると、プライマリリージョンとセカンダリリージョンを使用した冗長構成を取れる
可用性ゾーンによる冗長化	ストレージアカウントでZRSなどを選択すると、プライマリリージョン内の複数の可用性ゾーンを使用した冗長構成を取れる
整合性	プライマリリージョン内では「厳密な整合性」、セカンダリリージョン内では「最終的な整合性」を提供

Table Storageの構造

Table Storageを使用するにはまず、ストレージアカウントを作成します。ストレージアカウントの中にテーブルを作り、テーブルの中にエンティティを格納します。エンティティには、複数のプロパティが含まれます。プロパティは、**システムプロパティ**と**カスタムプロパティ**に分類できます。エンティティあたりのプロパティの合計は最大で255個です。

Table Storageの構造

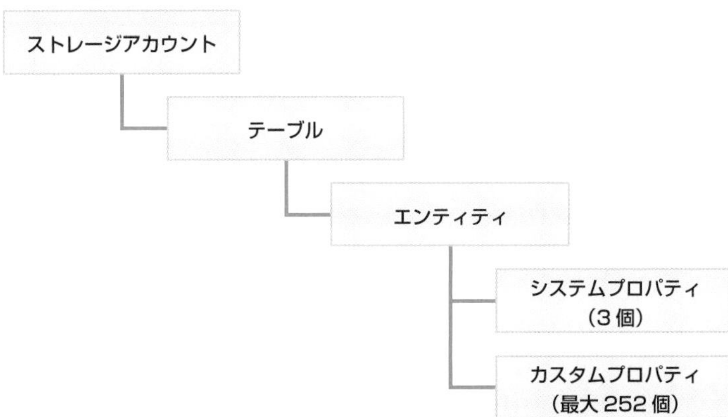

○ システムプロパティ

システムプロパティは以下の3つから構成され、すべてのエンティティに必ず作成されます。パーティションキーと行キーの値は利用者が指定します。タイムスタンプは自動的に追加・更新されます。

システムプロパティの種類

システムプロパティ	概要
パーティションキー（PartitionKey）	最大1KiBの文字列を格納できる。空の文字列も許可。null値は不可
行キー（RowKey）	最大1KiBの文字列を格納できる。空の文字列も許可。null値は不可
タイムスタンプ（Timestamp）	エンティティの最終更新日時をトラッキングするために使用されるプロパティ

パーティションキーと行キーの値の組み合わせは主キーとなります。1つのテーブル内での主キーの重複は許可されません。

○ カスタムプロパティ

カスタムプロパティは、プロパティの名前と値で構成されます。カスタムプロパティは、テーブルにエンティティを追加する際に、そのエンティティに含める形で利用者が指定します。

カスタムプロパティの値のデータ型は、String（文字列）、Boolean（true／false）、Binary（64KiBまでのバイト配列）、DateTime（日付と時刻）、Double（浮動小数点数）、Guid（グローバル一意識別子）、Int32／Int64（整数）があります。

パーティションを利用した負荷分散

クエリという命令を実行するとTable Storageからデータを取り出せますが、クエリの説明に先立ち、**パーティション**に関して解説しておきましょう。

Table Storageは、**パーティションというしくみを使って、内部のサーバーに対する負荷分散を行います**。パーティションは、同じパーティションキーの値を持つエンティティの集まりであり、クエリの効率にも影響を及ぼします。

たとえばあるテーブルに、次のようなエンティティが格納されているとします。

エンティティの例

PartitonKey	RowKey	UserProperty1
1	1	1
1	2	2
2	1	3
2	2	4

パーティションキーの値により、Table Storageの内部ではパーティションが形成されます。上記の例では、PartitionKey=1のパーティションと、PartitionKey=2のパーティションが形成されます。

Table Storageでは、このパーティションキーと行キーを使用した**クラスター化インデックス**が自動的に作成されます。クラスター化インデックスは、内部的に、パーティションキーの順、行キーの順で、エンティティを並び替えて記録するものです。これが、**Table Storageの唯一のインデックス**です。クエリがインデックスを使用する場合、クエリは最も効率的に実行されます。なお、そのほかのプロパティのインデックス（セカンダリインデックス）は作成できません。

クエリの種類

Table Storageでは、テーブルに対して、さまざまな条件を指定した**クエリ（検索）**を行えます。先ほどのテーブルを例として、Table Storageで実行できるクエリの種類と例を表に示します。なお、Table StorageはNoSQLデータストアなので、**リレーショナルデータベースのSQLにあるSELECT文などは使えません**。クエリ実行時に、対象のテーブルを指定し、さらにフィルターを指定することで、クエリの種類が決まります。

クエリの種類

クエリの種類	概要	フィルターの例
ポイントクエリ	パーティションキーと行キーを両方ともイコールで指定するクエリ。インデックスを使用して、最も効率的にクエリを実行する	PartitonKey=1 and RowKey=1
行範囲スキャン	パーティションキーを指定し、さらに行キーを範囲で指定するクエリ。1つのパーティションだけがスキャンされる	PartitonKey=1 and (RowKey>=1 and RowKey<2)
パーティション範囲スキャン	パーティションキーを指定し、さらに行キー以外のプロパティを指定したクエリ。1つのパーティションだけがスキャンされる	PartitonKey=1 and x=1
テーブルスキャン	パーティションキーが含まれないクエリ。複数のパーティションがスキャンされる。最も効率が悪いクエリになる	例1：x=1 例2：RowKey=1

上記の「フィルターの例」は、説明のためにわかりやすく書いたものです。実際のクエリで指定するフィルター($filter)は、ポイントクエリの場合、PrimaryKey eq '1' and RowKey eq '1'といった形式になります。

クエリの効率が最もよいのは、ポイントクエリです。次に行範囲スキャン、パーティション範囲スキャンと続き、最も効率が悪いのはテーブルスキャンとなります。なお、上記のテーブルスキャンにおける2つ目の例のように、行キーだけを指定した場合も、インデックスやパーティションが使えないため、テーブルスキャンが実行されます。

このように、クエリでのプロパティの指定により、Table Storage内で実行されるクエリの種類が変わり、クエリの効率も変化します。そのため、テーブルの設計を行う際には、アプリケーションが必要とするクエリを最も効率的に実行できるように、テーブルのパーティションキーと行キーを決める必要があります。

ここでは、パーティションと、それがクエリに与える影響について、概要を紹介しました。テーブルの設計についてより詳しくは、以下のドキュメントを参照してください。

- **テーブルの設計パターン**
  https://docs.microsoft.com/ja-jp/azure/storage/tables/table-storage-design-patterns

- **クエリに対応した設計**
  https://docs.microsoft.com/ja-jp/azure/storage/tables/table-storage-design-for-query
- **データの変更に対応した設計**
  https://docs.microsoft.com/ja-jp/azure/storage/tables/table-storage-design-for-modification

エンティティに行える主な操作

ここでは、テーブルのエンティティに対して実行できる操作について紹介します。

エンティティの操作

操作	概要
Insert	PartitionKeyとRowKeyの組み合わせから形成された一意の主キーを持つ、新しいエンティティを挿入する
Update	既存のエンティティを同じPartitionKeyとRowKeyで置き換える（詳細は後述）
Merge	エンティティのプロパティを更新することで既存のエンティティを更新する（詳細は後述）
Insert or Merge	一意の主キーを持つ新しいエンティティを作成するか、既存のエンティティのプロパティを更新する
Insert or Replace	一意の主キーを持つ新しいエンティティを作成するか、既存のエンティティを置き換える
Delete	エンティティを削除する
Query	エンティティをクエリ（検索）する。結果はパーティションキーと行キーの順に並び替えられる。$filter（検索条件）、$select（取り出すプロパティ）、$top（クエリ結果の最初のn件を取得）を指定可能

UpdateとMergeの違いについて補足します。たとえば、以下のエンティティがあるとしましょう。

```
PartitionKey=1, RowKey=2, x=3
```

これに対して次のプロパティを指定して「Update」または「Merge」を実行するとします。

```
PartitionKey=1, RowKey=2, y=4
```

Updateの場合は、指定されなかったプロパティ「x=3」は削除されます。結果は以下のようになります。

```
PartitionKey=1, RowKey=2, y=4
```

一方、Mergeの場合は、指定されなかったプロパティ「x=3」が残ります。結果は以下のようになります。

```
PartitionKey=1, RowKey=2, x=3, y=4
```

Table Storageのトランザクション

複数の操作を**トランザクション**として実行することができます。トランザクションに含まれる操作は、すべて成功するか、すべて失敗するかのいずれかとなります。1つのトランザクション内では、複数のInsert、Update、Merge、Delete、Insert or Merge、Insert or Replaceを実行できます。同じテーブルに存在し、同じパーティションに属しているエンティティについて、トランザクションを実行することができます。

Table Storageで利用できるツールとサービス

Azure portalの「ストレージアカウント」画面では、テーブルの一覧表示、作成、削除を行えます。

Azure portalでテーブルの一覧表示

そのほかの操作を実行するには、次のツールを使用します。

Table Storageで利用できるツール

名称	概要
Azure portal内のストレージブラウザー	テーブルの一覧表示、作成、削除、テーブルのエンティティの一覧表示・作成・削除を実行可能
ストレージブラウザー	Windows、macOS、Linuxに対応した、スタンドアロンのアプリケーション。ストレージアカウントに接続し、テーブルの一覧表示、作成、削除、テーブルのエンティティの一覧表示・作成・削除を実行可能
Azurite	ローカルで開発を行う際に使用する、ストレージアカウントのエミュレーター。v2とv3があり、v2がTable Storageのエミュレーションをサポートしている。Windows、macOS、Linuxに対応
AzCopy	コマンドを使用して、Blob Storage、Azure Files、Table Storageとの間でデータをコピーするために設計されたコマンドラインユーティリティ。AzCopy v7.3を使用して、TableのエンティティをJSON／CSV形式でエクスポートしたり、エクスポートされたデータをインポートしたりできる。なお、v7.3以降のバージョンでは、Table Storageへのアクセスがサポートされていない
Azure Storage for Visual Studio Code	Visual Studio Codeの拡張機能。これを使用して、ストレージアカウントを一覧表示したり、ストレージアカウント内のBLOBコンテナー、「ファイル共有」、キュー、テーブルを一覧表示・作成・削除したりすることが可能。また、選択したテーブルなどをStorage Explorerで開くこともできる

Table Storageと連携できるAzureのサービス

Table Storageと連携できるAzureのサービスは、主に以下のものがあります。

Table Storageと連携できるAzureのサービス

名称	概要
Azure Functions	入力／出力バインドが利用できる。バインドを使用すると、関数から簡単に、エンティティを挿入・取得したり、クエリを実行したりできる
Azure Logic Apps	Azure Logic AppsのTable Storageコネクターを使用して、ロジックアプリから、テーブルの作成・削除・一覧取得、エンティティの挿入・マージ・置換・削除・一覧取得などが可能

Section 26

NoSQLデータベース ～Azure Cosmos DB

ここまで、ストレージアカウント内で利用できる4つのサービス（Blob、Files、Queue、Table）について解説してきました。本章の残りの節では、ストレージアカウントには関連しないサービスについて説明します。

Azure Cosmos DBとは

Azure Cosmos DB（以降、Cosmos DB）は、フルマネージドのNoSQLデータベースを提供するサービスです。格納できるデータの量に上限が設けられておらず、テラバイト級・ペタバイト級のデータを格納できます。あらゆるスケールで、数ミリ秒の応答時間が保証されます。また、複数のリージョンにデータを分散させ、世界中からのデータの読み書きに対応可能です。データの形式としては、Table Storageのような構造化データや、JSON形式などが利用できます。

Cosmos DBは、リアルタイムに近い応答時間とグローバルな規模で膨大な量のデータや読み書きを処理する必要のあるWeb、モバイル、ゲーム、IoTアプリケーションなどでよく利用されます。

Cosmos DBの主な特徴は、以下となります。

Cosmos DBの主な特徴

特徴	概要
性能	数ミリ秒（1桁台）の応答時間と、自動および即時のスケーラビリティにより、あらゆるスケールで速度を保証する。99パーセンタイルで、読み取り時と書き込み時に10ミリ秒未満の待機時間を保証
可用性	最大で99.999%可用性をSLAとして提供
容量	コンテナーあたり、またはデータベースあたりの最大ストレージの制限はない（サーバーレスモードの場合は、コンテナーあたりの最大ストレージは50GB）
グローバル分散	すぐに利用できるグローバル分散。複数のリージョンにデータを分散させることができる
可用性ゾーンによる冗長化	使用するリージョンで、可用性ゾーンを使った冗長化をするかどうかを指定できる。リージョンを選択する際に「可用性ゾーン」を有効化することで、ゾーンの障害に対する高可用性と回復性の提供を保証する

また、高度な機能としては、以下のものがあります。

Cosmos DBの高度な機能

特徴	概要
自動インデックス	デフォルトで、コンテナー内のすべての「項目」の全プロパティに、自動的にインデックスが作成される。スキーマの定義やセカンダリインデックスの構成は必要ない。インデックスにより、きわめて高速なクエリを実現
サーバーサイドでの処理	ストアドプロシージャ、トリガー、ユーザー定義関数を利用できる。JavaScriptでロジックを記述し、データベースエンジン内でロジックを実行可能
整合性	最も強い整合性である「強力な整合性（strong consistency）」や、最も弱い整合性オプションである「最終的な整合性（eventual consistency）」など、要件に応じて、5種類の整合性レベルから1つを選択する
トランザクション	論理パーティション内のアイテムに関して、スナップショット分離を使用した、ACID（原子性、一貫性、分離、持続性）への完全準拠のトランザクションをサポート
バックアップ	データベース操作のパフォーマンスや可用性に影響を与えずに実施される。「定期的バックアップモード」では、データのバックアップが一定の間隔（最小1時間）で自動的に取得される。「継続的バックアップモード」では、過去30日以内の任意の時点に復元可能

Cosmos DBの構造

Cosmos DBの全体構造としては、以下のようになります。要素については、これから1つずつ紹介していきます。

Cosmos DBの構造

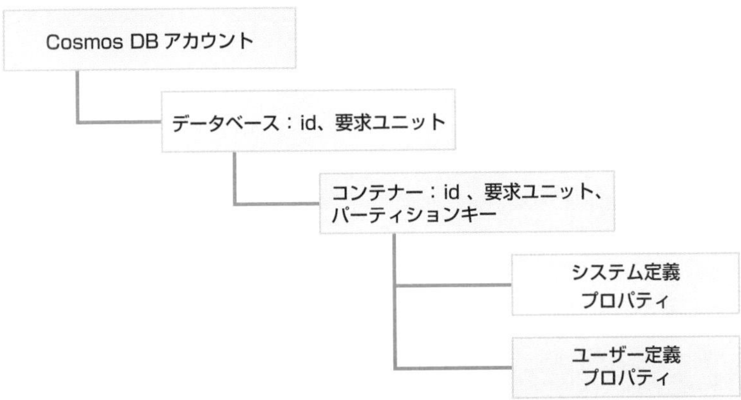

○ Cosmos DBアカウント

Cosmos DBを使うにはまず、最上位のリソースとして**Cosmos DBアカウント**を作成します。これは、これまで紹介してきたストレージアカウントとは別物なので、注意してください。

Cosmos DBアカウント作成時には、このアカウントで使用したいAPIを指定します。Cosmos DBは6種類のAPIをサポートしており、指定したAPIにより、**データの操作方法やデータモデルが決まります。**

Cosmos DBがサポートするAPI

API	概要
コア(SQL) API	データはJSON形式で表現される。データのクエリにはSQL文(SELECT文)を使用。ストアドプロシージャ、トリガー、ユーザー定義関数(UDF)が使用できる
MongoDB API	MongoDBを必要とするアプリケーションで使用。Mongo DBワイヤプロトコルのバージョン3.2、3.6、4.0と互換性がある。MongoDBクライアントSDK、ドライバー、およびツールとの透過的な互換性が実現される
Cassandra API	Apache Cassandra向けに作成されたアプリケーションのデータストアとして使用。Cassandraクエリ言語(CQL)、Cassandraベースのツール(cqlshなど)、およびCassandraクライアントドライバーを使用できる
Table API	AzureのTable Storageと互換性のあるAPI。データストアをTable StorageからCosmos DBに移行する際に使うと、Table Storage用に作成されたアプリケーションのコードに変更を加えることなく、Cosmos DBの高度な機能を活用できる
Gremlin API	Gremlin APIを介してグラフデータサービスを提供。何十億もの頂点と辺のある大規模なグラフを保存し、ミリ秒の待機時間でグラフを照会したり、グラフ構造を簡単に改善したりできる
PostgreSQL API	2022年10月に追加された新しいAPI。PostgreSQLの豊富な機能を利用できる。データを複数のノード(サーバー)に分散させる「分散テーブル(distributed tables)」を利用して高いパフォーマンスを実現できる

○ データベース

Cosmos DBアカウントの中には、**データベース**を作成します。「データベース」には、ID(名前)、性能(要求ユニット)を指定します。なお、アカウント作成時に「Table API」を選択した場合は、最初のコンテナー(テーブル)を作成すると、既定のデータベースが自動的に作成されます。

○ コンテナー

データベースの中に、「項目」を格納するための**コンテナー**を作成します。この「コンテナー」は、Blob Storageのコンテナーや、Dockerコンテナーとは別のものです。リレーショナルデータベースでの表に相当します。コンテナーには、ID(名前)、性能を指定します。また、コンテナーが使用する「パーティションキー」(後述)も指定します。

コンテナーには、複数の**項目**(リレーショナルデータベースでの行に相当)を格納します。Cosmos DBを使用するアプリケーションは、この項目の読み書き、追加、変更、削除などを行うことができます。

コンテナーに格納する「項目」

コンテナーに格納する項目には、**システム定義プロパティ**と**ユーザー定義プロパティ**が含まれます。

○ システム定義プロパティ

システム定義プロパティは、Cosmos DB自体が使用するものであり、事前に名前、データ型、用途が決められています。Cosmos DBアカウント作成時に選択したAPIによっては、一部の「システム定義プロパティ」が直接公開されない場合があります。

システム定義プロパティを以下に示します。

システム定義プロパティ

システム定義プロパティ	概要
id	ユーザーが定義した、論理パーティション内の一意の名前
_rid	項目の一意識別子
_etag	オプティミスティック同時実行制御に使用されるエンティティタグ
_ts	最終更新のタイムスタンプ
_self	項目のアドレス指定可能なURI

「_」で始まるプロパティは、システムによって自動的に管理されます。値も、システムによって自動で生成されます。

システム定義プロパティの中で特に理解しておく必要があるものは、**idプロパティ**です。「id」の値は文字列である必要があります。項目の挿入時、「id」の値は、クライアント側で指定できます。指定を省略すると「3a5deb0b-c7d2-45cf-bd54-913ae78104df」といったようなGUID(Globally Unique Identifier。世界中で重複することがないID)が自動的に割り当てられます。

4 データの運用

○ ユーザー定義プロパティ

ユーザー定義プロパティは、たとえば「商品」情報における「商品名」「価格」「色」といった、アプリケーションで扱うデータの詳細を記録するためのものです。Cosmos DBアカウント作成時に選択したAPIによって、使用できるデータ型が異なります。たとえばTable APIを選択した場合は、ストレージアカウントのTable Storageと互換のあるデータ型が使用できます。また、「コア(SQL)API」を選択した場合は、string、number、boolean、null、array、objectなどのJSONデータ型が使用できます。

コストを表す単位～要求ユニット

Cosmos DBでは、使用されたストレージ容量や、項目の読み書きといった操作について、コストが発生します。操作についてのコストは**要求ユニット（Request Unit。以降、RU）**と呼ばれる単位によって表されます。

たとえば、IDとパーティションキーを指定して、1KBの項目を1つ読み取りするコストは、1RUとなります。そのほかの操作でも同様に、RUを使用してコストが割り当てられます。

Cosmos DBに接続するクライアントプログラムでは、Cosmos DBの各操作について、実際に使用したRUを確認できます。

スループットのプロビジョニング

Cosmos DBでは、サーバーを何台使用するかといった指定や、サーバーのCPUやメモリなどのスペックの指定というものがありません。そのかわり、あらかじめ、データベースやテーブルで**「どのくらいのRUを使用する予定か」を見積もって、それを指定しておきます**。すると、Cosmos DBの内部では、そのRUの性能を保証するために必要なサーバーを準備します。このように、事前に必要なコンピューティングリソースを確保しておくことを**プロビジョニング**といいます。

たとえば、あるテーブルで400RUがプロビジョニングされている場合、このテーブルから、IDとパーティションキーを指定して1KBの項目を読み取る操作を、1秒間に400回実行することができます。またそれぞれの操作では、数ミリ秒の応答時間が保証されます。さらに多くの操作の実行が必要になった場合は、テーブルにさらに多くのRUをプロビジョニングします。

Cosmos DBの場合、必要な**スループット**（単位時間あたりのデータの入出力量。Cosmos DBの場合は、1秒あたりのRU）を事前にプロビジョニングする**プ**

ロビジョニングスループットモードと、実際に使用したRUの量で課金されるサーバーレスモードを選択します。Cosmos DBアカウントの作成時に、いずれかのモードを選択します。

プロビジョニングの2つのモード

モード	概要
プロビジョニングスループットモード	データベースまたはコンテナーに対し、必要なRUを手動でプロビジョニング（割り当て）する。データベースまたはコンテナーに、事前に手動でRUをプロビジョニングすることができる。「自動スケーリング」を使用して、最大RUを指定し、使用量に基づいてスループットを自動的かつ即座にスケーリングすることも可能
サーバーレスモード	データベースで使用したRUの量に対して課金される

サーバーレスモードのCosmos DBアカウントには、いくつかの制限事項があります。主な制限事項を以下に示します。

サーバーレスモードの制限事項

制約	プロビジョニングスループットモード	サーバーレスモード
コンテナーあたりの最大ストレージ	無制限	50GB
コンテナーあたりの最大RU/秒	1,000,000※	5,000
リージョンの最大数	制限なし	1

※専用スループットプロビジョニングモードにおける既定値。サポートに申請してさらに上げることが可能。

これらのモードを選択する目安を次の図に示します。

容量モードの選択

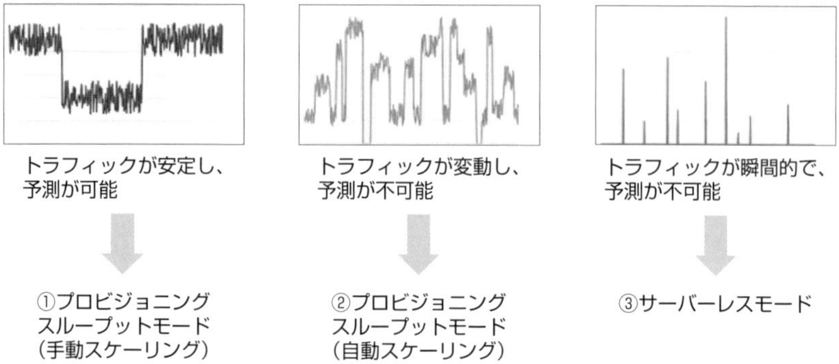

トラフィックが安定しており、時期による変動が予測できる場合、①が最も低コストとなります。トラフィックが変動し、その予測が難しい場合は、②を選択することで、①よりもトータルコストを節約できる可能性があります。開発・テストなどで、トラフィックが瞬間的にしか発生しない場合は、③を選択することでコストを大幅に削減できます。③は①や②に対してRUあたりのコストが割高であるため（単純計算では①の約11倍）、トータルの消費RUが少ない場合にのみ③を選択します。

なお、Azure Cosmos DB Capacity Plannerというツールを使うと、必要なRUを見積もることができます。詳しくは以下のドキュメントを参照してください。

- **Azure Cosmos DB Capacity Plannerを使用してRU/秒を見積もる**
  https://docs.microsoft.com/ja-jp/azure/cosmos-db/estimate-ru-with-capacity-planner

パーティションキー

Cosmos DBは、内部的に、パーティションというしくみを使って、コンテナーのスケーリングを行います。Cosmos DBの性能を引き出すためには、これらのしくみを理解しておくことが重要です。本書では、Cosmos DBアカウント作成時に「コア(SQL)API」を選択した場合を例として、パーティションの概要を説明します。

まずは、パーティションキーから説明しましょう。コンテナーを作成する際は、コンテナーのID（名前）などに加え、そのコンテナーが使用するパーティションキーのパスを指定します。

たとえば、あるコンテナーに次のような項目を格納するとします。id、x、yはこの項目のプロパティで、yは、zを含む入れ子のプロパティです。

```
{
  "id": "1",
  "x": "2",
  "y": {
    "z": "3"
  }
}
```

この場合、このコンテナーのパーティションキーのパスには、「/id」「/x」「/y/z」のいずれかを指定できます。

項目の挿入時、パーティションキーの値には、文字列または数値を指定することができます。

コンテナーの項目は、「id」と「パーティションキー」の値の組み合わせにより、一意に識別されます。これらの値の組み合わせが、コンテナー内のほかの項目と重複することは許可されません。

論理パーティションと物理パーティション

まずはパーティションキーについて説明しました。次に、**論理パーティション**と**物理パーティション**について説明します。

たとえば、あるコンテナーのパーティションキーのパスを「/x」と指定し、以下のような4つの項目を挿入したとします。

```
{"id" : "1", "x" : "1", ...}
{"id" : "2", "x" : "1", ...}
{"id" : "1", "x" : "2", ...}
{"id" : "2", "x" : "2", ...}
```

パーティションキーの値により、Cosmos DBの内部では、論理パーティションが形成されます。論理パーティションは、**同じパーティションキーの値を持つ項目の集まり**です。上記の例では、xの値が2種類あるので、2つの論理パーティションが形成されます。

論理パーティションは、さらに物理パーティションにマップ（対応付け）されます。1つまたは複数の論理パーティションが、単一の物理パーティションにマップされます。先ほどの例では、x=1の論理パーティションと、x=2の論理パーティションがあります。これらは、1つの物理パーティションにマップされるかもしれませんし、それぞれが別の物理パーティションにマップされるかもしれません。どちらにせよ、ここで重要なのは**ある論理パーティションは、ただ1つの物理パーティションにマップされる**という点です。

なお、物理パーティションや、論理パーティションと物理パーティションのマップは、完全にCosmos DB内部で管理されているものであり、利用者が直接制御することはできません。

パーティションと性能の関係

論理パーティションと物理パーティションについて説明しました。続いて、これらのパーティションと、Cosmos DBの性能との関係について説明します。

コンテナーに対してプロビジョニングされたスループット(RU)は、物理パーティションに均等に配分されます。たとえば、あるコンテナーに18,000RUを割り当て、そのコンテナーが内部的に3つの物理パーティションを保つ場合、それぞれの物理パーティションに割り当てられるRUは6,000RUとなります。

コンテナーと物理パーティションのRUの関係

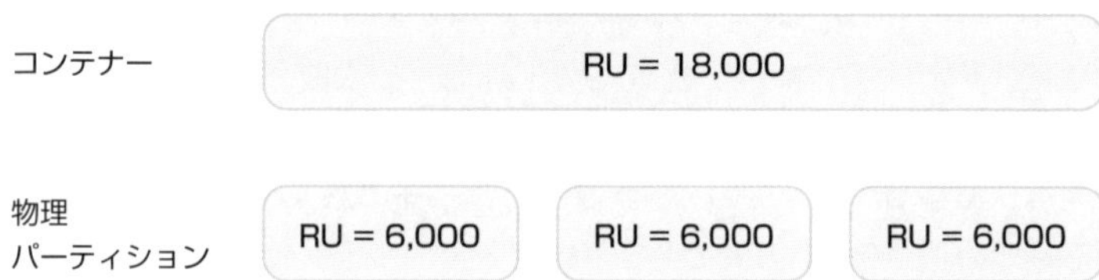

つまり、コンテナーに割り当てたRUを使い切るには、**すべての物理パーティションに、アクセスが均等に分散する必要がある**ということです。

たとえば先ほどの例で、パーティションキーとして選択したxプロパティの値が、広範囲に分布している場合を考えてみましょう。この場合、多数の項目から多数の論理パーティションが構成され、それらの論理パーティションは複数の物理パーティションに均等にマッピングされます。その結果、これらの項目へのアクセスは、複数の物理パーティションへと均等に分散されます。

パーティションキーの値が広範囲に分布する場合

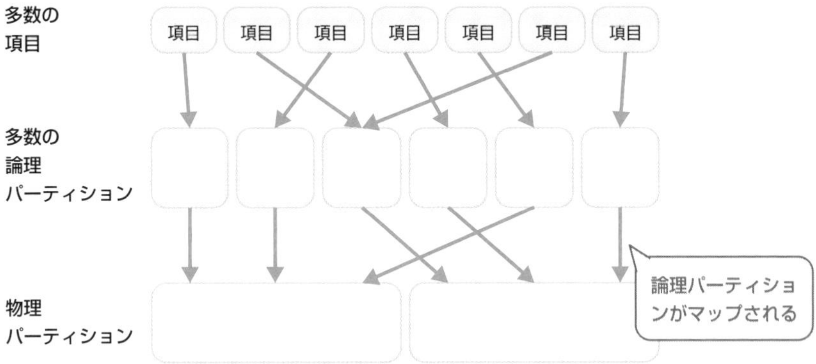

逆に、パーティションキーのxプロパティの値の種類が少ない場合を考えてみましょう。これらの項目からは、少数の論理パーティションが構成され、いずれかの物理パーティションにマッピングされます。その結果、項目へのアクセスは、特定の物理パーティションへ集中する可能性が高くなります。このような物理パーティションのことを**ホットパーティション**と呼びます。ホットパーティションでは、RUが不足し、それ以外の物理パーティションでは、RUが余ってしまいます。

パーティションキーの値の種類が少ない場合

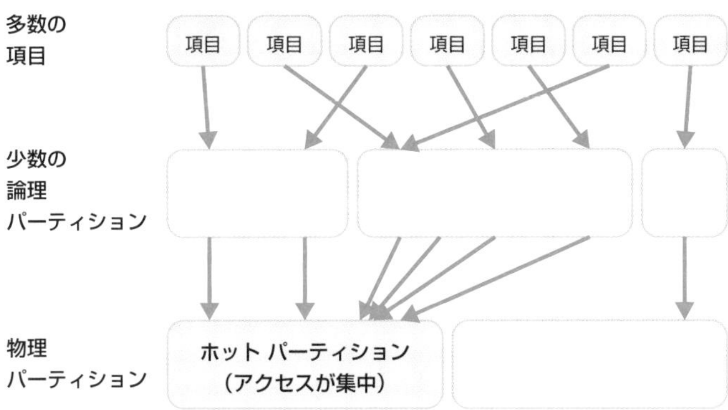

コンテナーへのアクセスが複数の物理パーティションに分散されるようにするためには、**高いカーディナリティがある（値が広範囲に分布する）プロパティをパーティションキーとして選択します。**

ここまでで、パーティションに関する基本的な概念を説明しました。なお、実際のCosmos DBの設計において、パーティションキーの選択については、ホットパーティションの発生を避けることに加え、検索パターンや、トランザクションの範囲なども加味して、総合的に判断する必要があります。本書では解説しませんが、詳しくは以下のドキュメントも参照してください。

- **パーティション分割と水平スケーリング**
  https://docs.microsoft.com/ja-jp/azure/cosmos-db/partitioning-overview

- **データのモデル化およびパーティション分割**
  https://docs.microsoft.com/ja-jp/azure/cosmos-db/sql/how-to-model-partition-example

- **合成パーティションキー**
  https://docs.microsoft.com/ja-jp/azure/cosmos-db/sql/synthetic-partition-keys

グローバル分散

Cosmos DBでは、極めて簡単に、データをグローバルに分散させることができます（サーバーレスモードのCosmos DBアカウントを除く）。**グローバル分散（globally distributed）**とは、1つのCosmos DBアカウントを複数のリージョンに関連付けて、データベースを複数のリージョンから同時に利用できるようにすることです。この場合、データは複数のリージョンで透過的にレプリケーションされます。

Cosmos DBによるグローバル分散

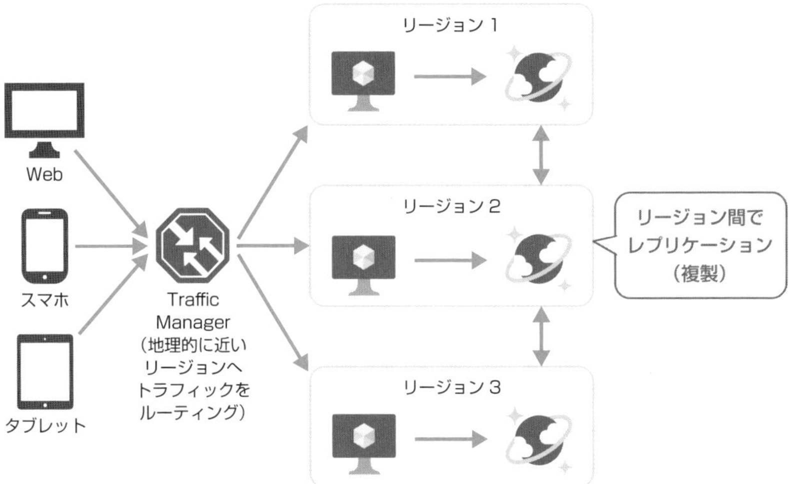

たとえば、あるアプリケーションが、世界中のエンドユーザーによって、世界中のさまざまな場所から使用される場合、そのアプリケーションのデータを、グローバルに分散されたCosmos DBでホスティングします。その際、アプリケーションは、近接するリージョンのデータベースを自動的に検出して接続できます。世界中のさまざまな場所から、データを迅速に読み書きするので、エンドユーザーはアプリケーションを快適に利用可能です。

これらのしくみを利用するのに、複雑な設定は必要ありません。Cosmos DBアカウントの管理者は、ほんの数クリックで、Cosmos DBアカウントにリージョンを追加できます。また、アプリケーションの開発者は、わずかな設定変更だけで、アプリケーションを複数リージョン書き込みに対応させることができます。

○ グローバル分散の設定

グローバル分散を行うためには、まず、Cosmos DBアカウントの作成時に最初のリージョンを指定します。そのリージョンでは、データの読み書きを行います。

Cosmos DBアカウントの作成後、Azure portalなどを使用して、そのアカウントに、リージョンを追加・削除します。世界中に存在するすべてのリージョンを選択可能です。追加できるリージョンの数に上限はありません。また、リージョンを追加したり削除したりする際に、アプリケーションの再デプロイや一時停止を行う必要はありません。

デフォルトでは、追加したリージョンは、データの読み取りに利用できます。Cosmos DBアカウントの設定で、「マルチリージョン書き込み」を有効に設定すると、追加されたすべてのリージョンで、データの読み込みだけではなく、書き込みも行うことができるようになります。

あるリージョンの書き込みが、別のリージョンでどのように取得できるか（遅延の有無・度合いや、書き込みの順番で読み込みされるかどうかなど）については、5段階の**整合性レベル**で指定します。整合性レベルは、Cosmos DBアカウントにデフォルト値を指定できますが、個々のリクエストで整合性レベルを指定可能です。詳しくは下記を参照してください。

- **Cosmos DBの整合性レベル**
  https://docs.microsoft.com/ja-jp/azure/cosmos-db/consistency-levels

なお、リージョンを追加すると、コストが増加するので注意が必要です。Cosmos DBのコストを見積もりたい場合は「料金計算ツール」、より詳細な見積もりが必要な場合は「Cosmos DB Capacity Calculator」を使用します。

- **Azure Cosmos DB Capacity Calculator**
  https://cosmos.azure.com/capacitycalculator/

項目の基本的な操作

Cosmos DBの項目には、さまざまな操作を行えます。たとえば、Cosmos DBアカウント作成時に「コア(SQL)API」を選択し、.NET SDKを使用する場合、Cosmos DBの項目に行える基本的な操作には以下のようなものがあります。

Cosmos DBの項目の基本的な操作

操作	概要
CreateItemAsync	項目を作成
UpsertItemAsync	項目を作成するか、既存の項目を更新
ReplaceItemAsync	項目を置換
DeleteItemAsync	項目を削除
ReadItemAsync	1つの項目を読み取る
QueryDefinition／GetItemQueryIterator	クエリを定義・実行（複数の項目を読み取る）

- **クイックスタート: .NET用のAzure Cosmos DB SQL API**
  https://docs.microsoft.com/ja-jp/azure/cosmos-db/sql/quickstart-dotnet

- **.NET用Azure Cosmos DBライブラリの概要**
  https://docs.microsoft.com/ja-jp/dotnet/api/overview/azure/cosmosdb

Cosmos DBで利用できるツールとサービス

Cosmos DBへのアクセスに利用できる主なツールやライブラリとしては、以下のものがあります。

Cosmos DBで利用できるツールとサービス

名称	概要
データエクスプローラー	Azure portal内からアクセスできるツール。データベースやコンテナーの作成、項目の作成・更新・削除・クエリを実行可能
組み込みのJupyterノートブック	Azure portal内からアクセスできるツール。データ探索、データクリーニング、データ変換、数値シミュレーション、統計モデリング、データ視覚化、および機械学習を行える
Azure Cosmos DBエミュレーター	Cosmos DBを開発目的でエミュレートするローカル環境を利用できる。ローカルで、アプリケーションの開発とテストが、Azureサブスクリプションを作成したりコストをかけたりせずに実施可能
Azure Cosmos DBデータ移行ツール	Table StorageやCosmos DBなどに接続して、データを移行できる
Azure Databases for VS Code	Visual Studio Codeから、PostgreSQLとCosmos DB (MongoDB API、Gremlin API、SQL API) にアクセスする
クライアントライブラリ (SDK)	.NET、Java、JavaScript、Python用のクライアントライブラリや、Xamarinを使用して、アプリケーションからCosmos DBにアクセスできる
Bulk Executorライブラリ	Bulk Executorライブラリ (.NET/Java) を使うと、一括インポートAPIと一括更新APIを通じて、Cosmos DBで一括操作を実行できる
Cosmos DBのODBCドライバー	ODBCドライバーを使用すると、SQL Server Integration Services、Power BI Desktop、TableauなどのBI分析ツールを使ってCosmos DBに接続できる。そのためこれらのソリューションでデータを分析したり視覚化したりが行える

Cosmos DBと連携できるAzureのサービス

Cosmos DBと連携できるAzureのサービスは、主に以下のものがあります。

Cosmos DBと連携できるAzureのサービス

サービス	概要
Azure Functions	入力／出力バインドに加え、トリガーが利用できる。バインドを使用してエンティティを取得・挿入したり、クエリを実行したりすることが可能。トリガーを使用すると、Cosmos DBにエンティティが追加／変更される際にAzure Functionsを呼び出し、エンティティを関数で処理できる
Azure Logic Apps	Azure Logic AppsのCosmos DBコネクターを使用して、ロジックアプリから、Cosmos DBの項目の作成・更新・削除・クエリを実行可能
Azure Databricks	Azure用に最適化されたデータ分析プラットフォーム。Databricksの「コネクタ」を使用して、Cosmos DBのデータの読み取りと書き込みを行える
Azure Data Factory	AzureのクラウドETL（Extract／Transform／Load。抽出／変換／格納）サービス。Azure Data Factoryの「コピーアクティビティ」を使用して、Cosmos DBをソースとしてデータを読み込んだり、シンクとしてデータを書き込んだりできる
Power BI	Power BI Desktopは、さまざまなデータソースからのデータを取得できるレポート作成ツール。Cosmos DBのデータをPower BIにインポートしてレポートを作成したり、レポートをPower BIに発行したりできる
Azure DevOps	Azure DevOps用のAzure Cosmos DBエミュレータービルドタスクでは、CI環境で、Cosmos DBにアクセスするコードのテストを実行可能
Azure Synapse Analytics	データウェアハウスやビッグデータシステム全体にわたって分析情報を取得する時間を早めるエンタープライズ分析サービス。Cosmos DBのデータに対して、抽出、変換、読み込み（ETL）なしで、リアルタイムに近い分析を実行可能

Section 27 SQLデータベース～Azure SQL

マイクロソフトが開発するリレーショナルデータベース製品に、Microsoft SQL Server（以降、SQL Server）があります。SQL Serverは、オンプレミスでもAzure上でも実行できますが、Azureで実行するためのサービスとして、Azure SQLが提供されています。

Azure SQLとは

Azure上でSQL Serverを実行するためのサービスは、**Azure SQL**と呼ばれます。Azure SQLには、以下の3つのサービスが含まれます。いずれのサービスも、データベースエンジンとしてSQL Serverを使用します。

○ Azure SQL Database

Azure SQL Databaseは、PaaS型のサービスです。ほとんどのオンプレミスデータベースレベルの機能をサポートし、さらに、組み込みの高可用性、インテリジェンス、管理などの追加の機能も利用できます。

○ Azure SQL Managed Instance(MI)

Azure SQL Managed Instance（MI）も、PaaS型のサービスですが、オンプレミスのSQL Serverとの100%に近い互換性を持っています。

○ Azure SQL Server on VM

Azure SQL Server on VMは、IaaS型のサービスです。データベースエンジンとOSに対する完全な管理制御を必要とするアプリケーションに最適です。

Azure SQL Databaseは、フルマネージドのデータベースなので、他の2つのサービスに比べて、データベース管理の手間を省けます。よく使われるSQL Serverの機能をサポートしてはいますが、従来のSQL Serverとの完全な互換性は利用できないので注意が必要です。そのため、オンプレミスからの移行など、従来のSQL Serverとの互換性が重要である場合は、Azure SQL Managed

Instanceか、Azure SQL Server on VMを使用します。Azure SQL Managed Instanceは、既存のアプリケーションをAzureに移行する場合に最適なサービスです。本節では、これ以降、Azure SQL Database（以降、SQL Database）について解説していきます。

SQL Databaseの主な特徴

SQL Databaseは、アップグレード、修正プログラムの適用、バックアップ、監視などのほとんどのデータベース管理機能を利用者の介入なしで処理する、フルマネージドのPaaS（サービスとしてのプラットフォーム）データベースエンジンです。

SQL Databaseの主な特徴

主な特徴	概要
OSとデータベースエンジンの自動アップグレード	アップグレードは継続的に自動で実行される
スケーラビリティ	データベースなどに対する性能の指定（後述）をいつでも変更可能。アプリケーションのダウンタイムは、最小限に留められる（通常、平均で4秒未満）。アプリケーションは、再試行ロジックを使うと、接続を回復させることができる
自動バックアップ	完全バックアップを毎週、差分バックアップを12～24時間ごと、そしてトランザクションログバックアップを5～10分ごとに作成する
ポイントインタイムリストア	データベースを、過去のある時点における別のデータベースのコピーとして作成できる
可用性ゾーンの利用	単一のゾーン構成を取ることも、ゾーン冗長の構成を取ることもできる。ゾーン冗長構成を取ると、データセンターの壊滅的な障害を含む、大規模な障害から、データベースを回復できるようになる

SQL Databaseのリソース

SQL Databaseの主なリソースとして**SQLサーバー**、**SQLデータベース**、**SQLエラスティックプール**があります。

○ SQLサーバー

SQLサーバーは「SQLデータベース」や「SQLエラスティックプール」を管理するための論理的なコンテナーです。SQLサーバーは、リソースグループ下に作成します。SQLサーバーの作成時には、サーバーの名前を指定します。名前によって、SQLサーバーに接続するための「エンドポイント」も決まります。たとえば「server1」という名前でSQLサーバーを作成すると、そのSQLサーバーに「server1.database.windows.net」というエンドポイントが与えられます。

また、SQLサーバーの「サーバー管理者」の「ログイン」と「パスワード」も指定します。管理者は、この「ログイン」と「パスワード」を使用してSQLサーバーに接続し、管理操作（他のユーザーの作成など）を実行します。

○ SQLデータベース

SQLサーバー内には、SQLデータベース（以降、データベース）を作成します。データベースの作成時には、名前や性能などを指定します。そしてデータベース内には、アプリケーションが使用するテーブルやビューなどを作成します。

例として、SQLサーバー「server1」に、データベース「db1」「db2」「db3」を作成したものを図で示します。

SQLサーバーとSQLデータベース

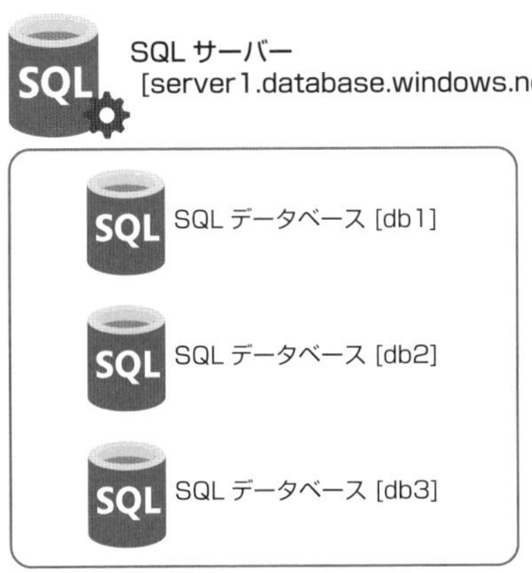

この場合、各データベースは、それぞれ個別に性能をチューニングできます。たとえば、db1の負荷が高い場合は、db1の性能をより高く設定すれば、高負荷への対応を行えます。

○ SQLエラスティックプール

SQLサーバー内には、**SQLエラスティックプール**（以降、プール）を作成することもできます。プールの作成時には、プールの名前や性能などを指定します。新しいデータベースは、プールの中に作成することも、プールの外（SQLサーバー内）に作成することも可能です。また、プールの外に作成されている既存のデータベースを、プールに移動したり、プールの中にあるデータベースを、プールの外に移動したりできます。

例として、SQLサーバー「server1」にプール「pool1」を作成し、プールの外側に「db1」、プールの内側に「db2」と「db3」を作成したものを図で示します。

SQLサーバーとSQLエラスティックプール

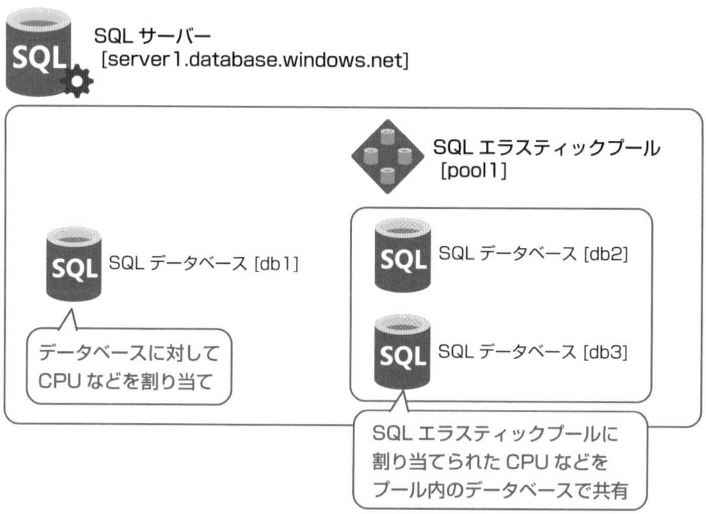

プール内の複数のデータベースは、**プールに指定された性能を共有**します。たとえば、db2とdb3の負荷の変動が大きく、データベースレベルでの性能の指定が難しい（性能を指定すると性能の過不足が発生する）場合に、上記の図のように、それらのデータベースをプールに束ねて、プールに対して性能を指定すると、過不足を解消しやすくなります。

○ 性能の指定方法

データベースまたはプールの性能は、従来の「DTUベースの購入モデル」と、より新しい「仮想コアベースの購入モデル」のいずれかで指定します。

データベースまたはプールの性能

購入モデル	概要
DTUベース	必要な性能を「データベーストランザクションユニット(DTU)」で指定する。DTUは、CPU、メモリ、IO(入出力)を組み合わせた、性能の目安の値。データベースの負荷が高い場合、データベースによりたくさんのDTUを割り当てる
仮想コアベース	ハードウェアの世代、仮想コア(論理CPU)数、メモリ量、ストレージサイズなどを事前に指定する「プロビジョニング済み」、または、使用されているコンピューティングリソースを毎秒測定して課金を計算する「サーバーレス」を選ぶ

「プロビジョニング済み」は、データベースまたはプールに対する性能の指定時に選択でき、1時間単位で課金が計算されます。「サーバーレス」は、データベースにおける性能の指定時にのみ選択でき、1秒単位で課金が計算されます。

SQL Databaseで利用できるツールとサービス

SQL Databaseへのアクセスに利用できる主なツールとしては、以下のものがあります。

SQL Databaseへのアクセスに利用できる主なツール

ツール	概要
Azure portalの「クエリエディター」	Azure portal上からSQL Databaseに接続して、テーブルの確認や、SQL文を実行ができる
SQL Server Management Studio (SSMS)	SQL Serverインスタンス、データベースを管理を管理するための統合環境。Winodwsにのみ対応
Azure Data Studio	クエリを実行し、テキスト、JSON、またはExcel形式で結果を表示および保存できる軽量のエディター。Winodws、macOS、Linuxに対応
SQL Server Data Tools (SSDT)	SQL Serverリレーショナルデータベース、Azure SQLデータベース、Analysis Services(AS)データモデル、Integration Services(IS)パッケージ、Reporting Services(RS)レポートをビルドするための、最新の開発ツール
SQL Server(mssql) for Visual Studio Code	SQL Serverへの接続と、Visual Studio CodeでのT-SQLの豊富な編集エクスペリエンスをサポートする公式のSQL Server拡張機能

Column AzureでのMySQL、MariaDB、PostgreSQLの運用

MySQL、MariaDB、PostgreSQLといったデータベースをAzureで運用したい場合は、以下のサービスを利用できます。これらのサービスを利用すると、組み込みの高可用性、自動バックアップ、データの暗号化などのメリットを享受でき、データベースの運用コストを削減できます。

データベースとAzureのサービスの対応

サービス	データベースエンジン	概要
Azure Database for MySQL	MySQL	MySQL Community Editionを基盤としたリレーショナルデータベースサービス
Azure Database for MariaDB	MariaDB	オープンソースのMariaDBサーバーエンジンに基づいたリレーショナルデータベースサービス
Azure Database for PostgreSQL	PostgreSQL	オープンソースのPostgreSQLデータベースエンジンに基づいたリレーショナルデータベースサービス

Chapter 5

AI・機械学習サービスの活用

Azureでは、近ごろ話題のAI・機械学習を簡単に行えるサービスが、多数提供されています。サービスによって、可能な分析・予測が異なるので、サービスごとの特徴も含めて紹介しましょう。

Section 28

AzureのAI・機械学習サービス

近年、機械学習やビッグデータの技術が進歩し、またコンピュータの性能も向上したことで、「質問の音声を聞き取る」「写真の顔を自動的に見分ける」といった処理が一般的に利用できるようになりました。Azureでも、このような機能をアプリケーションに組み込むためのサービスを提供しています。AzureのAI・機械学習サービスを使うと、より高度な機能を持ったアプリケーションを簡単に実現できます。

機械学習とは

機械学習（Machine Learning）とは、大量のデータを学習させて構築した「モデル」をもとに、何らかの予測や分析を自動的に行う技術のことです。機械学習を使用すると、たとえば、「天気予報の気温や湿度から、アイスの売上を予測する」「健康診断のデータから、特定の病気にかかっているか否かで分類する」といった処理を実現できます。

機械学習アルゴリズムの例として、回帰・分類・クラスタリングなどがあります。

機械学習アルゴリズムの例

AzureのAI・機械学習サービス

AzureではAI・機械学習サービスとして主に、Azure Machine Learning、Azure Cognitive Services、Azure Applied AI Servicesという３つのサービスが提供されています。その中にさらに多数の機能が含まれていますが、まずはこの３種類のサービスの概要について解説します。

AzureのAI・機械学習サービス

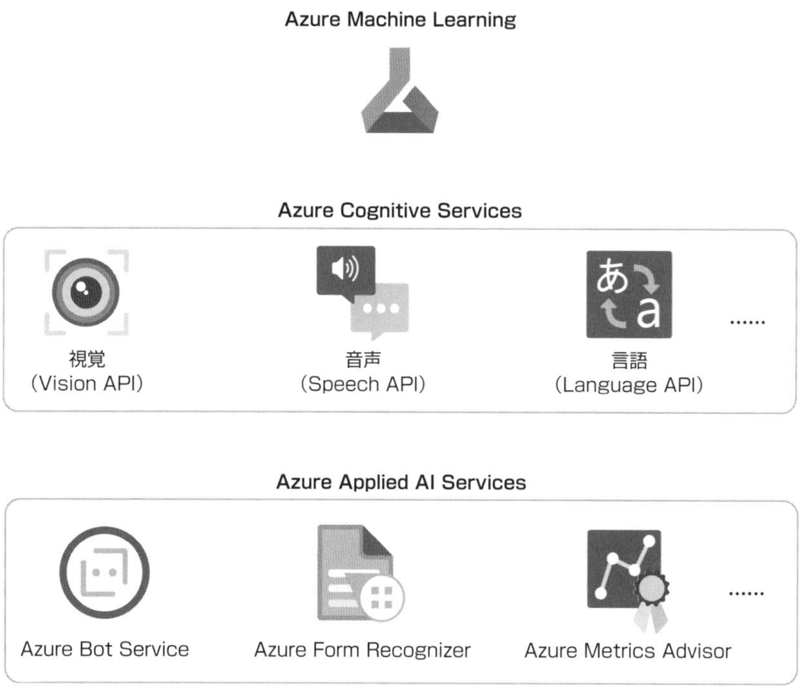

Azure Machine Learning(Azure ML)

Azure Machine Learningは、モデルのトレーニング、デプロイ、自動化、管理、追跡に使用できるクラウドベースの環境を提供します。ディープラーニング、教師あり学習、教師なし学習といった、あらゆる種類の機械学習に使用できます。

なお、ディープラーニングは、機械学習の分野の１つで、「特徴量」の抽出を自動的に行う技術です。教師あり学習は、大量の正解データを与えて機械に学習させる手法、教師なし学習は、機械にデータの規則性や傾向を学習させる手法です。

Azure Machine Learningでは、Azure Machine Learning StudioというWebポータルが提供されています。このポータルを使うと、モデルのトレーニングやデプロイ、アセット管理を少量のコードで、またはコードを一切記述することなく行えます。

Azure Machine Learning Studio

開発したモデルは、Azureにデプロイし、アプリケーションからWebサービスとして利用します。デプロイ先は、Azure Machine Learningのコンピューティングクラスターや Azure Container Instances、Azure Kubernetes Service、ローカルなどです。

Azure Cognitive Services

Azure Cognitive Services (以降、Cognitive Services) は、すぐに利用できる汎用的なAIサービスです。Cognitiveは「認識」という意味です。Cognitive Servicesでは、画像、音声などを認識する機能を、アプリケーションへ簡単に組み込めます。

Cognitive Services以前には、2015年4月のイベント「Microsoft Build 2015」にて「Project Oxford」が発表され、Face、Speech、Vision、LUIS (Language Understanding Intelligent Service) の4つのAIサービスの提供が開始されました。その後、機能の拡充、Bing Search APIの統合などを経て、2016年5月のイベント「Microsoft Build 2015」にて、Cognitive Servicesという名称が発表されました。

Cognitive Services には多数のAPIが含まれています。これらのAPIは、以下の5つのカテゴリに分けられます。

Cognitive Servicesに含まれるAPI

カテゴリー	概要
視覚 (Vision API)	画像の特徴の抽出、文字の読み取り、人の顔の認識を行う。Computer Vision、Custom Vision、Faceを含む
音声 (Speech API)	テキストと音声の変換などを行う。Speech Services (Speech-to-Text、Text-to-Speech、Speech Translation、Voice assistants、Speaker Recognition) を含む
言語 (Language API)	自然言語の理解、質問への自動回答、翻訳などを行う。Language Understanding (LUIS)、QnA Maker、Text Analytics、Translatorを含む
決定 (Decision API)	時系列データの異常の検出、望ましくないコンテンツの検出などを行う。Anomaly Detector、Content Moderator、Personalizerを含む
検索 (Search API)	Webページ、画像、動画、ニュースなどの検索機能をアプリケーションに提供する。Bing Web/Image/Video/News/Custom/Entity/Visual/Local Business Search、Bing Autosuggest、Bing Spell Checkを含む

なお、これらのAPIは、Azure portal上から直接実行するものではなく、アプリケーションにCognitive ServicesのSDK (ライブラリ) を組み込み、コードから機能を呼び出して利用します。

Azure Applied AI Services

Azure Applied AI Servicesは、2021年5月のイベント「Microsoft Build 2021」で発表された、AzureのAIサービスの新しいカテゴリです。業務アプリケーションの開発にすぐに利用できる、高度なAIサービスが含まれています。つまり、開発者自身でCognitive Servicesにある複数のAPIを組み合わせることなく、業務アプリケーションの開発に必要な機能を、Azure Applied AI Servicesで利用できます。Azure Applied AI Servicesには6つのサービスが含まれており、これらはCognitive ServicesのAPIの上に構築されています。

Azure Applied AI Servicesに含まれるAPI

サービス名	概要
Azure Form Recognizer	フォームドキュメントからのデータ抽出を行う
Azure Metrics Advisor	データ監視と時系列データの異常検出を行う
Azure Cognitive Search	フルテキスト検索（インデックス作成とクエリの実行）を行う。Computer VisionやText Analyticsが組み込まれている
Azure Immersive Reader	エンドユーザーの文章読解力を高める仕組みを提供する
Azure Bot Service	会話型インターフェイスを素早く作成できる
Azure Video Analyzer	ビデオ分析ソリューションを短期間で開発できる

Cognitive Servicesと同様、これらのAPIは、アプリケーションにSDK（ライブラリ）を組み込み、コードから機能を呼び出して利用します。

なお、本書では、Azure Bot Serviceについて、第32節で解説します。その他のサービスについては、以下のドキュメントを参照してください。

- **Azure Applied AI Servicesのドキュメント**
  https://docs.microsoft.com/ja-jp/azure/applied-ai-services/

AI・機械学習サービス間の違い

このようにAzureには、AIや機械学習を利用するためのサービスが多数用意されています。ただし、実際に開発者がAzure Machine Learningを利用して、ゼロからモデルを開発し、精度の高い認知能力を持ったAIを構築することは比較的難しい作業です。そのためAzureは、すでに開発済みのAIを、Cognitive ServicesやAzure Applied AI Servicesで提供しています。開発者はこれらのサービスを利用することで、比較的簡単に、AIの機能をアプリケーションに組み込めるようになっています。

一方、たとえば「株価の予測」を行いたいという場合、Cognitive Serviceにはそのような AIが含まれていないため、Azure Machine Learningを使用して、開発者が自分でデータを用意し、モデルをトレーニングする必要があります。

AI・機械学習サービス間の違い

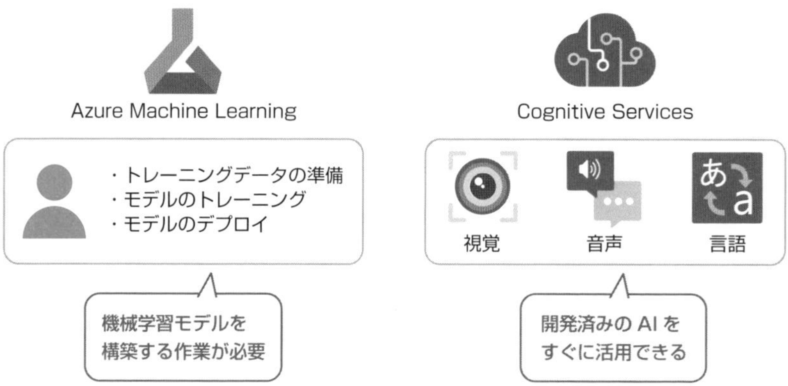

Section 29

「視覚」のAIサービス～Vision API

前節では、Azureが提供するAIや機械学習のサービスについて説明しました。ここからは、Cognitive Servicesに含まれる主な機能を紹介していきましょう。

まずは、Cognitive Servicesの「視覚」(Vision API) カテゴリに含まれる以下の機能について説明します。

- Computer Vision
- Custom Vision
- Face (Azure Face service)

Computer Vision

Computer Visionは、画像内のテキストやオブジェクトを読み取ったり、画像の説明文を生成したりするサービスです。

Computer Visionの機能

機能	概要
光学式文字認識 (OCR)	画像から、印刷されたテキスト (日本語を含む73言語に対応) や、手書きのテキスト (英語に対応。中国語、フランス語、イタリア語など6言語がプレビューで対応) を読み取る
画像分析 (Image Analysis)	画像内の建物、乗り物、道具、生物などを検出したり、それらの座標を調べたりできる。また、「人」「動物」「食べ物」といったカテゴリーで画像を分類したり、画像の内容を表す説明文を生成したりすることも可能
空間分析 (Spatial Analysis)	監視カメラなどから動画を取り込み、さまざまな分析を行う。たとえば、人物を検出したり、動き回る人物を追跡したり、人が出入り口などを通過したことを検出したりできる

Custom Vision

Custom Visionは、画像を分類するモデルを、トレーニングするためのサービスです。

Custom Visionの機能

機能	概要
画像の分類	多数のサンプル画像を使用して、画像分類モデルをトレーニングし、そのモデルを使用して新しい画像を分類する。たとえば、植物の写真と、どの写真にどの植物が写っているかという情報を与えて、モデルをトレーニングする。そのモデルに、別の画像を読み込ませると、植物の種類による画像の分類（タグ付け）が行われる
オブジェクトの検出	「画像の分類」と同様の処理を行うが、検出された座標も返す

Face(Azure Face service)

Face（Azure Face service）は、画像に含まれている人物の顔を検出、認識、識別するサービスです。

Faceの機能

機能	概要
顔検出（Detect API）	画像に含まれている人の顔を検出する。また、顔の座標を返す
顔認識（Verify API）	2つの画像に写った顔が同一人物かどうかを調べる
顔識別（Identifier API）	顔と名前のデータベースを作成しておき、それを使用して、ある顔写真の人物を特定する
似た顔の検索（Find Similar API）	ある顔写真を与え、同じ人物が写っている画像を探したり（matchPerson）、似ている顔の画像を探したり（matchFace）する
グループ化（Group API）	人物や表情などに基づき、顔写真をグループ化する

Computer Visionの利用例

ここでは、Computer Visionの利用例として、「BLOBコンテナーに画像がアップロードされた場合に、その画像の説明文を生成する」という処理の実現方法を紹介します。構成の全体像は次の図の通りです。

Computer Visionの利用イメージ

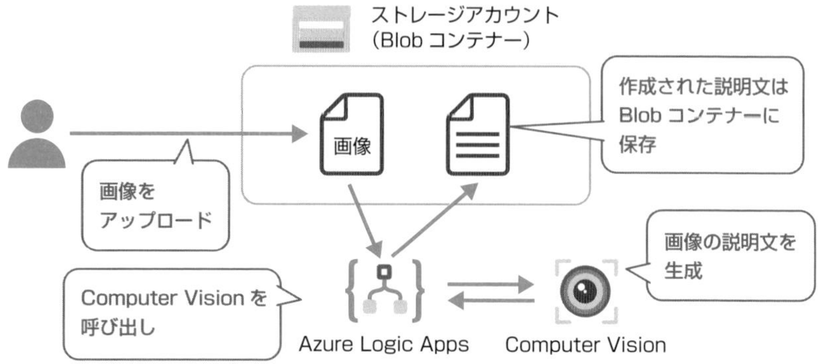

◯ Cognitive Servicesのリソースを作成

まず、Azure portalにて、Cognitive Servicesのリソースを作成します。リソースを作成すると、このリソースを使用するためのキー(文字列)とエンドポイント(https://リソース名.cognitiveservices.azure.com/)が作成されるので、メモしておきます。

◯ ストレージアカウントを作成

次に、ストレージアカウントを作成します。画像をアップロードするためのBLOBコンテナーと、生成された説明文のファイルを格納するためのBLOBコンテナーも、あわせて作成します。

◯ ロジックアプリで接続

これらのリソースを、ロジックアプリ(P.104参照)で接続します。ここでは、Computer Visionの「Describe Image」(画像の説明を生成する)というコネクタを使います。コネクタを作成するときに、メモしておいたキーとエンドポイントを指定します。

Azure Logic AppsからのComputer Visionの利用

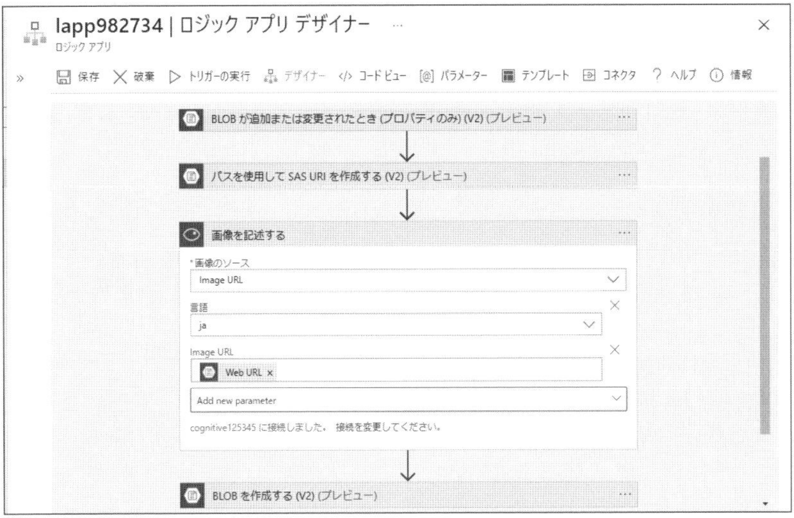

最後に、このアプリの実行例を紹介します。たとえば、コンピュータのそばに猫が座っている写真をBLOBコンテナーにアップロードするとしましょう。アップロードすると、Computer Visionによって説明文が生成され、その結果が、BLOBコンテナーに記録されます。生成される結果は、以下のような値です。

```
{
  "description": {
    "tags": [ "屋内", "猫", "座る", "机", "コンピュータ", "テーブル", "ノートパソコン", "飼い猫"],
      "captions": [ { "text": "コンピュータの前に座る猫", "confidence": 0.6617886549495424 } ]
  },
  "requestId": "11111111-2222-3333-4444-555555555555",
  "metadata": { "height": 480, "width": 640, "format": "Jpeg" }
}
```

captionsは、画像に対する説明です。複数の説明が生成される場合があります。上記の例では、1つの説明だけが含まれています。

confidenceは、信頼度スコアと呼ばれる数値です（0～1、大きいほど信頼度が高い）。説明に付与されます。各説明は、信頼度の高い順に並べて出力されます。

Section 30

「音声」のAIサービス ～Speech API

本節では、Cognitive Servicesの「音声」(Speech API) カテゴリに含まれるSpeech Serviceというサービスについて紹介します。

Speech Serviceとは

Speech APIカテゴリには**Speech Service**というサービスがあります。Speech Serviceは、音声の文字起こし(人の話し声を聞き取ってテキストに変換する)、テキストからの音声合成(テキストを、人間のように読み上げる)などの、音声に関わる機能を提供します。

Speech Serviceを使用すると、会議の音声をテキストに変換して議事録を作成するアプリケーションや、ニュースなどのテキストを読み上げるアプリケーションなどを作成できます。

Speech Serviceの利用イメージ

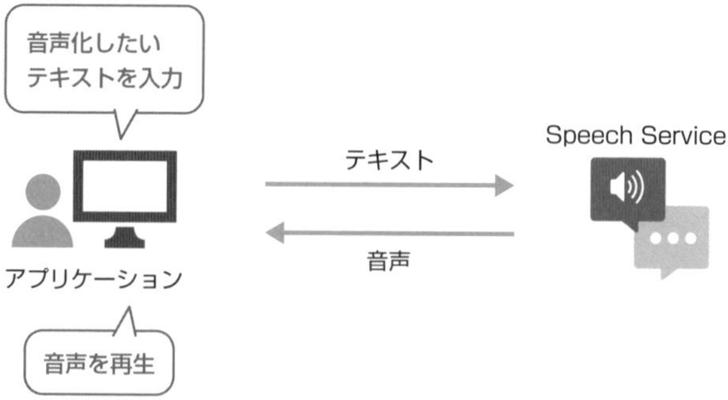

Speech Serviceには、各種言語用のSDK(ライブラリ)が用意されています。アプリケーションにこのSDKを組み込むことで、Speech Serviceの機能をアプリケーションから活用できます。Speech Serviceの主な機能は、次の通りです。

Speech Serviceの主な機能

サービス	概要
音声テキスト変換 (Speech-to-Text)	オーディオストリームから、リアルタイムで、音声の文字起こしを行う。マイクや、音声ファイル（～.wavなど）を使って音声を入力可能
音声合成 (Text-to-Speech)	テキストを読み上げた音声を生成する。スピーカーやファイル（～.wavなど）に音声を出力できる
音声翻訳 (Speech Translation)	マイクや音声ファイルから音声を聞き取り、翻訳を行って、テキストや音声を生成する。たとえば、日本語の音声を聞き取って、英語とフランス語に翻訳した音声を出力可能
意図認識 (Intent recognition)	家電の操作、レストランの予約などの「意図」（エンドユーザーがしたいこと）を認識する。たとえば「照明をオンに」「ライトを点灯」「電気をつけて」などの人の声を聞き取って、「照明のスイッチをオンにする」という命令として認識できる
話者認識 (Speaker Recognition)	音声を聞き取って「誰が話しているのか」を認識する。事前に話者の音声から「プロファイル」を作り、別の音声を聞き取って、「プロファイル」に一致するかどうか（同じ話者かどうか）を判定する（話者認証）。また、事前に複数の話者の音声から「プロファイル」のグループを作り、別の音声を認識し、どの「プロファイル」に一致するか（どの話者か）を判定する（話者識別）
キーワード認識 (Keyword Recognition)	オーディオストリーム内に特定のキーワードが存在することを認識する。たとえば、マイクの音声から「ヘイ○○」や「オーケー○○」などのキーワードを認識して、アシスタントを起動する、といったシナリオで利用される

Speech Serviceを簡単に試せるSpeech CLI

Speech Serviceには、主要な機能を簡単に確認するためのSpeech CLIというコマンドラインツールが用意されています。とりあえず試したい・Speech Serviceの機能がユースケースを満たしているか検証したい、といった場合に使うといいでしょう。

Speech CLIのインストールは、.NET Core 3.1 SDKのインストールなどの必要要件を満たしたコンピュータ上で、次のコマンドを使用することで行います。

```
dotnet tool install --global Microsoft.CognitiveServices.Speech.CLI
```

その後、サブスクリプションやリージョンの設定などを行うと、Speech CLI（spxコマンド）を利用できます。設定方法の詳細については、公式ドキュメントを参照してください。

- **Speech CLIとは**

  https://docs.microsoft.com/ja-jp/azure/cognitive-services/speech-service/spx-overview

試したい機能によって、使用するコマンドやオプションが変わります。Speech CLIのコマンドの例を以下に示しましょう。

```
# 音声テキスト変換（Speech-to-Text）：マイクから音声を聞き取りテキスト化
spx recognize --microphone

# 音声テキスト変換（Speech-to-Text）：音声ファイルから音声を聞き取りテキスト化
spx recognize --file /path/to/file.wav

# 音声合成（Text-to-Speech）：テキストを音声化し、スピーカーから再生
spx synthesize --text "Microsoft Azure" --speakers

# 音声合成（Text-to-Speech）：テキストを音声化し、ファイルに出力
spx synthesize --text "Microsoft Azure" --audio output file.wav
```

Section 31 「言語」のAIサービス〜Language API

本節では、Cognitive Servicesの「言語」(Language API) カテゴリに含まれる主な機能を説明します。

- Language Understanding (LUIS)
- QnA Maker
- Text Analytics
- Translator

Language Understanding(LUIS)とは

Language Understanding (Language Understanding Intelligent Service。以降、LUIS) は、会話型AIアプリケーションを構築するためのサービスです。

LUISでは、**発話・意図・エンティティ**という3つの用語がよく使われます。

- **発話 (utterance)**
  エンドユーザーが入力した音声やテキストです。たとえば「Lサイズのピザを注文」などです。
- **意図 (intent)**
  エンドユーザーが実行しようとしているタスクです。アプリケーション側にあらかじめ作成されたいくつかの意図から、発話に対応するものが選択されます。たとえば「ピザの注文 (orderPizza)」といったものです。
- **エンティティ (entity)**
  意図に関連する項目や要素で、発話から抽出されます。たとえば、ピザの注文の場合、「Lサイズ」という「Size」エンティティが得られます。

発話・意図・エンティティ

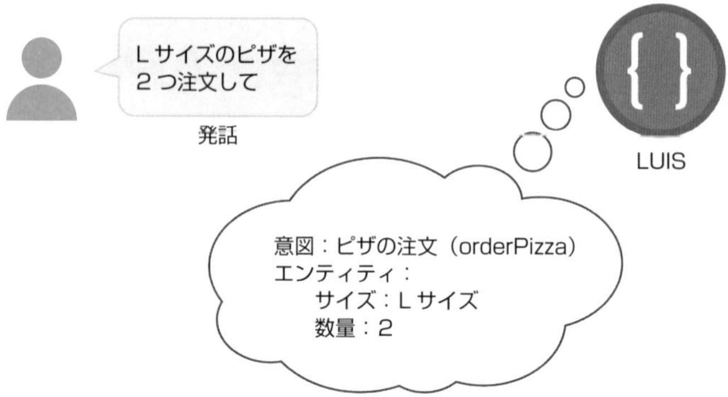

LUISアプリは、LUISポータル（https://www.luis.ai/）を使用して作成します。LUISアプリには、「意図」や「エンティティ」を追加します。また「発話」の例もいくつか追加します。これらの設定を使用してLUISアプリの「トレーニング」を行い、最後に「発行」を行うと、このLUISアプリのエンドポイントを使用して、会話型のアプリケーションを作成できます。

QnA Maker

QnA Maker（Question and Answer Maker。キューエヌエー メーカー）は、ナレッジベースを構築することで、エンドユーザーからの自然言語による質問を受け付け、それに対する回答を得られるようにするサービスです。**ナレッジベース**とは、組織の有用な知見・知識をまとめたデータベースのことです。

ナレッジベースの構築には、何らかのドキュメントや、質問回答集（Frequently Asked Questions。FAQ）などを利用します。ドキュメントのURLを指定するか、PDFやWordのファイルを用意するかして、QnA Makerに読み込ませると、そこから自動的に質問と回答が抽出されます。なお、ナレッジベースの内容は、手動で編集することも可能です。

QnA Makerのナレッジベースと、後述するAzure Bot Serviceのボット（P.192参照）を組み合わせると、チャット形式でエンドユーザーからの質問を受け付け、ボットが自動的に回答を返すようなアプリケーションを作成できます。

Text Analytics

Text Analyticsは、自然言語で書かれたテキストに対して、感情分析、キーフレーズ抽出、言語検出などの処理を行えるサービスです。

Text Analyticsの主な機能

機能	概要
センチメント分析 (Sentiment analysis)	テキストから、肯定的あるいは否定的な感情を分析し、スコア化する。たとえば、Twitterのツイート、大量のアンケートの自由回答テキストなどをすばやく分析するために利用される。1に近いスコアは正の感情、0に近いスコアは負の感情を示す
キーフレーズの抽出 (Key phrase extraction。KPE)	テキスト内の主要な概念を抽出する
言語検出 (Language detection)	テキストを読み取って、それが何の言語で書かれているかを検出する

LUISでは、あらかじめ設定した「発話」のパターンに基づき「意図」と「エンティティ」が認識されるのに対し、Text Analyticsの「キーフレーズの抽出」では、**文章中の重要なキーワードやキーフレーズが自動的に抽出されます**。たとえば「Microsoft Azureはクラウドコンピューティングのサービスです」といった文章から、「Microsoft Azure」「クラウドコンピューティング」「サービス」といったキーワードやキーフレーズが抽出されます。

Translator

Translatorは、テキストやドキュメントの機械翻訳を行うサービスです。2021年12月現在、日本語を含む90の言語および方言に対応しています。1つの入力テキストから、同時に複数の言語へ翻訳して出力できます。入力するテキストの言語は指定できますが、Translator側で検出させることも可能です。

Translatorの「ドキュメント翻訳」は、ドキュメント (PDF、HTML、Excel、Wordなど) の構造とデータ形式を維持しながら、90の言語および方言との間で翻訳を行えます。

Section 32 「ボット」の開発・運用サービス

本節では、対話型の「ボット」を開発・運用するためのサービスやツールについて説明します。ボットをほかのコミュニケーションツールやAIと組み合わせることで、より高度なアプリケーションを実現できます。

ボットとは

本節における**ボット(bot)**は、エンドユーザーからの自然言語による質問や指示に対応できるコンピュータプログラムを指します。たとえば、商品の配送状況を確認する、会議室を予約する、「よくある質問」から回答を探す、といった特定の処理を、ボットを通じて行えます。

ボットは、TeamsやLINE、Slackなどのコミュニケーションツール、Webサイト内のお問い合わせチャットなどに組み込めます。エンドユーザーは、普段使い慣れているコミュニケーションツールに近い形で、ボットを簡単に利用できます。

またボットに、Cognitive Services (P.179参照) などのAI機能を組み込むと、より高度な判断などを行わせたり、新しい知識を学習させたりすることも可能です。ただし、ボットは人間と同じように思考するわけではないため、基本的には、あらかじめ想定されたパターンに従った応答しかできません。

ボットとは

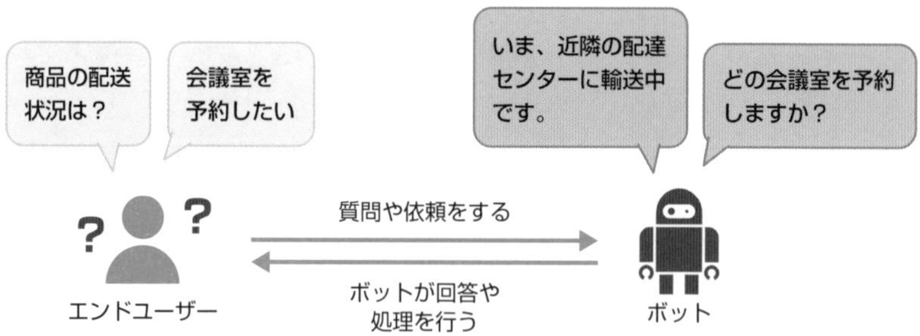

Microsoft Bot Framework

Microsoft Bot Frameworkは、ボットを開発するためのフレームワークです。2016年3月に最初のバージョンが公開されました。利用者はMicrosoft Bot Frameworkと、Visual Studioなどの開発ツールを使うことで、ボットをすばやく開発できます。

- **Microsoft Bot Framework**
  https://dev.botframework.com/

開発したボットは、ローカルの開発環境で稼働させてテストします。ローカルで稼働中のボットに接続するには、Bot Framework Emulatorと呼ばれるデスクトップアプリケーションを使用します。Bot Framework Emulatorは、Windows／macOS／Linuxに対応しています。

Bot Framework Emulatorでローカルのボットに接続・テスト

Microsoft Bot Frameworkでは、利用者がボットを開発するために使用するSDK（Bot Framework SDK）が提供されており、このSDKはGitHub上で開発されています。最新バージョンは「v4」系であり、プログラミング言語としては、C#、JavaScript（TypeScript）、Python、Javaに対応しています。

• **Bot Framework SDK**
  https://github.com/microsoft/botframework-sdk

Bot Framework SDK

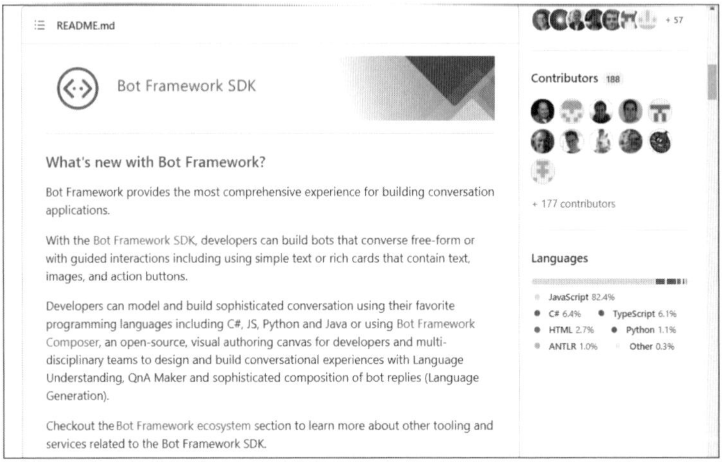

Azure Bot Service

Azure Bot Serviceは、開発したボットをAzure上で運用するためのサービスです。2017年12月に一般提供が開始されました。利用者は、このサービスを利用して開発したボットをAzure上に登録します。そしてボットを、TeamsやLINE、Slack、Skype、Facebook、Office 365のメールなど、20種類近くのアプリケーションやサービスと簡単に接続できます。

• **Azure Bot Service**
  https://azure.microsoft.com/ja-jp/services/bot-services/

Azure Bot ServiceのチャンネルでTeamsに接続

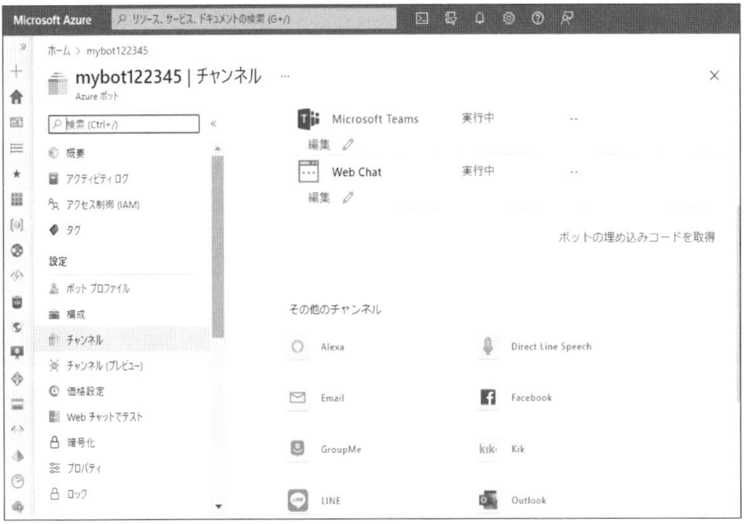

なお、ボットのプログラム本体は、App Service（P.83参照）などにデプロイして稼働させます。つまりAzure Bot Serviceは、ボット本体と、ボットに接続するアプリケーションを橋渡しする役割を持ちます。Azure Bot Serviceのおかげでボットの開発者は、ボットを利用するほかのアプリケーションとの接続部分を、それぞれ実装する必要がなくなります。

Azure Bot Serviceの構成例

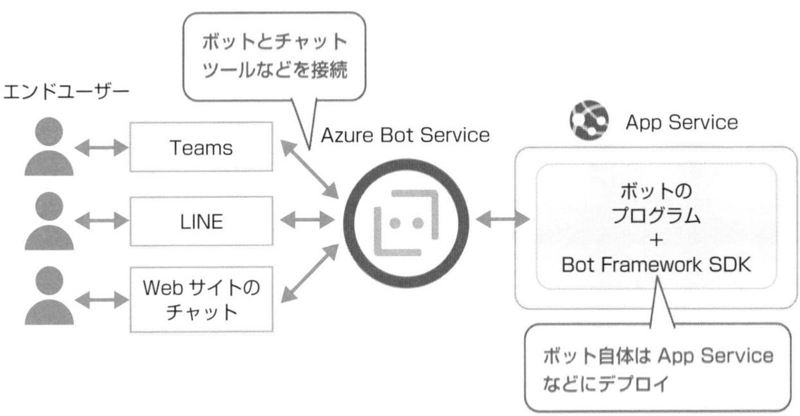

Bot Framework Composer

Bot Framework Composerは、ボット開発のための統合開発ツールです。Windows／macOS／Linuxに対応したデスクトップアプリケーションとして提供されています。

Bot Framework Composerは、2019年10月に発表されました。このツールを使用すると、ボットの開発者はGUIを使って、高度な対話に対応するボットをすばやく開発できます。最新バージョンは2021年に発表された「v2」です。

Bot Framework Composer

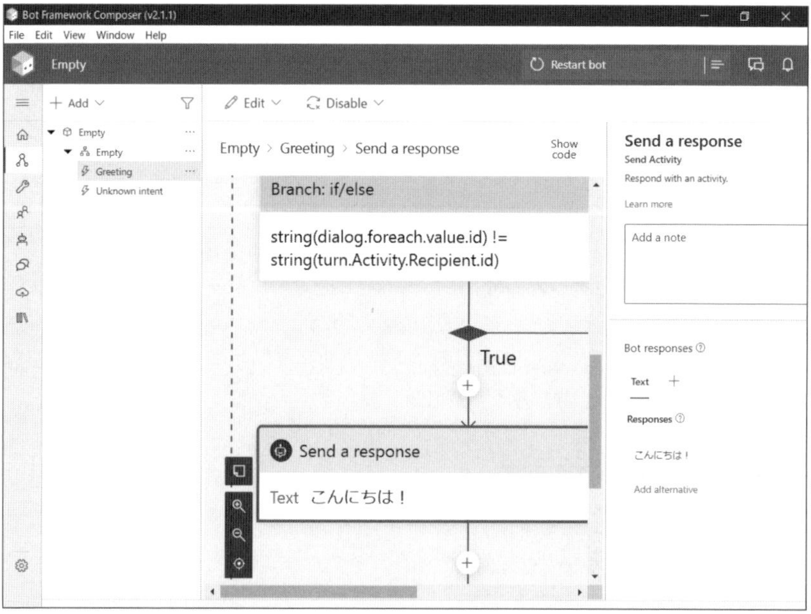

Bot Framework Composerは、ボットに前節で説明したLUISやQnA Makerを組み込むことができるので、インテリジェントなボットを比較的簡単に開発できます。また、開発したボットは、App Serviceなどにデプロイ可能です。

Chapter 6

IoTとデータ分析基盤の構築

本章では、IoTのシステムを構築する際に使うAzureのサービスについて紹介します。IoTのシステム構築時にあわせて使われる、データ分析のサービスについても解説します。

Section 33

IoTとは

Azureでは、IoTを実現するサービスが多数提供されています。IoTのサービスを紹介する前にまずは、IoTとは何かについて解説しましょう。

IoTとは

IoT（Internet of Things）は、センサーやアクチュエーターなどを介して、**インターネットと物理世界にある「モノ」を相互接続すること**です。**センサー**は、温度や圧力といった情報を検知して、それを人間や機械が判別しやすい信号にする装置のことであり、**アクチュエーター**は、センサーから受け取った信号に従って、機器を操作・制御する装置のことです。つまり、センサーが物理世界の状態データを収集する目や耳となり、アクチュエーターがアクションを起こす手や足となります。IoTは、物理世界から収集したデータをもとに、遠隔や監視、操作、分析などを行うしくみ全般を指す概念といえます。

IoTのイメージ

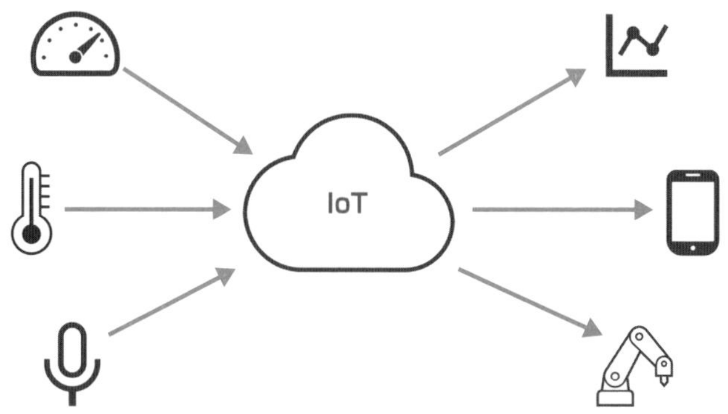

たとえば、遠隔地の温度や湿度のデータを過去の分も含めて、いつでもグラフ形式で確認できるようなサービスは、IoTの活用例といえます。さらに、温度の異常を検出したり、自動でエアコンの設定温度を変更したり、傾向分析を行ったりも可能です。ほかにも、外出中に自宅にある電化製品のスイッチを操作したり、監視カメラの画像認識で検出された異常の通知をスマートフォンで受け取ったり、混雑度を示すガイドを電光掲示板で表示したりといったしくみも、IoTにより実現できます。

IoTの実現に必要なもの

IoTを実現するには、各種センサーやアクチュエーターのほかに、まずは、**インターネットとの通信機能を持つデバイス**が必要です。ここでいうデバイスは、物理世界にあるコンピュータを指します。それは、Raspberry Piのような小型コンピュータからスマートフォン、パソコンやデータセンターにあるような大きなサーバーかもしれません。インターネットへの通信機能を持たないデバイス（センサーやウェアラブルデバイスなど）の場合、Bluetoothなどを介して親となるデバイスと通信し、親デバイスを介してインターネットとの通信を行うことになります。また、インターネット側でも、デバイスとの通信や受信したデータの保管、異常やアラートの検出、利用者がデバイスの状態を確認･操作するためのアプリケーション、といったしくみが必要です。

ただし、必ずこれらすべてが必要というわけではありません。また、構築するシステムによっては、このほかの機能が必要なケースも考えられます。

Section 34

デバイスとクラウド間のゲートウェイ～IoT Hub

Azure IoT Hubは、Azureの各種サービスを組み合わせることで、IoTのシステムを構築する際に使用されるサービスの1つです。ここでは、IoT Hubの機能や使い方について触れていきます。

IoT Hubとは

Azure IoT Hub（以降、IoT Hub）は、物理世界にあるデバイスと、クラウドの各種サービスとの間のメッセージ中継を行う、ゲートウェイの役割を担うサービスです。IoT Hubはデバイスからのメッセージを受ける入口となり、受け取ったメッセージを各種サービスに配信します。数百万のデバイスから送られる数十億のメッセージを処理できるように設計されています。

デバイスとIoT Hubとの接続

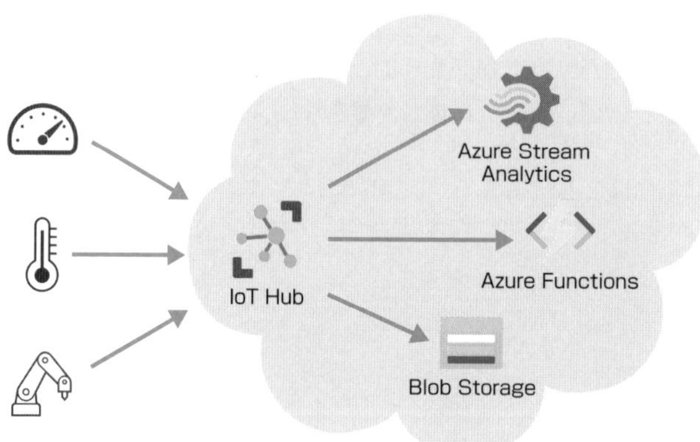

また、デバイスへのメッセージ送信の機能もあるので、物理世界にあるデバイスに対して、挙動や設定を変更させるようなしくみを実装可能です。ほかにもデバイスの管理や認証など、IoTソリューションの開発に必要な、さまざまな機能が提供されます。

IoT Hubと組み合わせるサービス

IoT Hubを通してAzureに入ってきたメッセージは、ストリーム処理を行うサービスにルーティングさせたり、分析用としてストレージに保存したりすることが可能です。

○ リアルタイムのデータ処理

リアルタイムにデータを処理するには、Azure Stream AnalyticsやAzure Functionsといったサービスを利用します。フィルタリングや集計後のデータはCosmos DBやSQL Databaseに保存しておけば、利用者が使用するアプリケーションからすぐにアクセスできます。

○ 分析用のデータとして活用

処理前の膨大な量のデータは、Blob StorageやAzure Data Lake Storageなどの安価なストレージに保持できます。なお、保存したデータの分析を行う際は、Azure Synapse AnalyticsやAzure Databricksといったサービスを利用します。また、Azure Machine LearningやCognitive Servicesなどでモデルの構築やトレーニングを行い、クラウド側やデバイス側でそのモデルを使用すると、本来人間が判断を行う部分の自動化を実現可能です。

さらに、Power BIでリアルタイムにセンサーデータの可視化を行ったり、Dynamics 365と連携して異常の検出やその後のサポート業務の管理を行ったりすることもできます。IoT HubをゲートウェイとしてDynamics 365と組み合わせたアーキテクチャは、Dynamics 365の公式ドキュメントで公開されています。Dynamics 365との詳細な連携は本書では割愛しますが、興味のある方は、以下のページを参照してください。

- **IoT Hubのアーキテクチャ**
  https://docs.microsoft.com/ja-jp/dynamics365/field-service/developer/connected-field-service-architecture

IoT HubとDynamics 365を組み合わせたアーキテクチャ

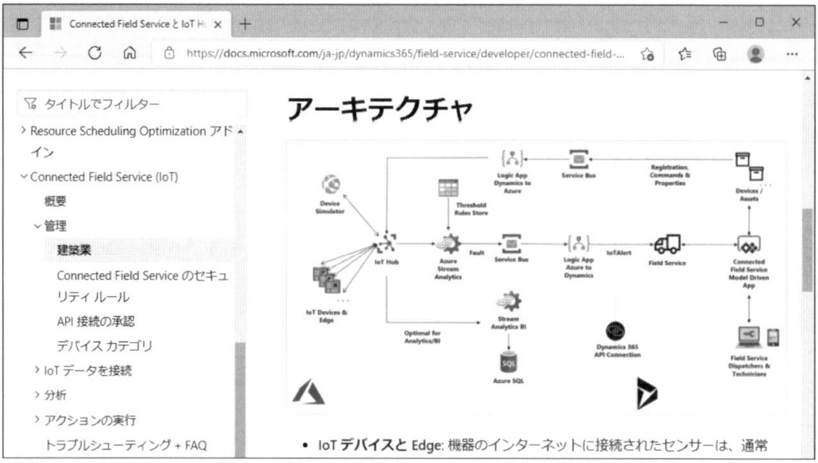

デバイスとIoT Hubの接続・管理

何らかのデバイスをIoT Hubに接続するには、まずデバイスをIoT Hubに登録し、個別のID（デバイスID）を取得しておく必要があります。その際、デバイスとIoT Hubの間の認証方法を指定します。対称キーやフィンガープリント、証明書を使用した認証といった方法を指定できます。

Azure portalでのデバイスの登録

デバイスとIoT Hubの間の認証方法

認証方法	使用方法
対称キー	IoT Hubによって生成された、もしくは作成したキーをIoT Hubとデバイス双方で使用する
X.509 自己署名済み	デバイス側にX.509証明書を作成して配置し、そのフィンガープリントをIoT Hubに登録しておく
X.509 CA署名済み	IoT HubにX.509証明書を登録し、デバイス側には、その証明書に対応する秘密鍵から作成した証明書を配置する

デバイスは、IoT Hubとの通信を開始する際、登録のときに指定した方法で認証を行います。対称キーや証明書などは、デバイス側のプログラムからアクセスできる場所、たとえば同じフォルダーなどに配置しておく必要があります。なお、本書では詳しく扱いませんが、よりセキュアな状態にするために、デバイスに搭載されているTPMやHSM（暗号化モジュールのこと）も使用できます。

IoT Hubに接続されたデバイスは、その状態をいつでもクラウド側から監視できるようになり、デバイスへのメッセージの送信や設定の変更なども可能です。デバイスが盗難にあったときなど、何らかの理由で接続を拒否したくなった場合は、いつでもIoT Hub側からブロック（デバイスの無効化）できます。デバイスの故障や寿命などによりリタイアさせる場合は、IoT HubのデバイスIDを削除して、デバイスとの接続を終了します。

デバイスの追加や削除、メッセージの送受信などは、Azure portalからはもちろん、Azure PowerShellやAzure CLIなどのコマンドからも可能です。さらに管理用アプリケーションを開発するためのService SDK（.NET／Java／Node.js／Python／C）が用意されているので、利用者やサービスの管理者がデバイスへの操作や監視を行うためのカスタムのアプリケーションを開発できます。

カスタムアプリケーションからの操作

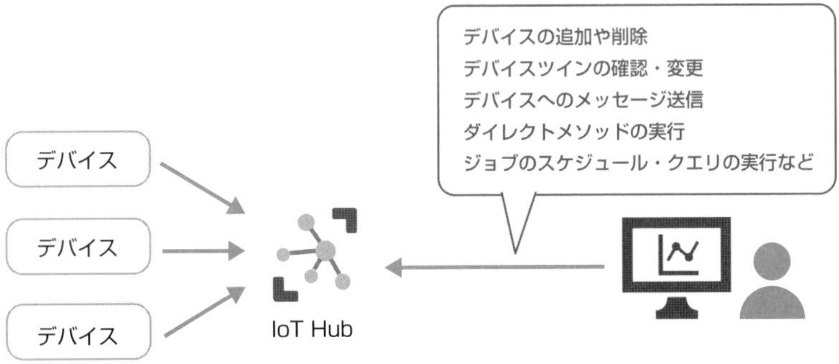

Column 複数のIoT Hubにデバイスを登録するには

開発用と本番用などの用途に応じて、または世界中でIoTサービスを提供するために、IoT Hubを複数作成しておく場合があります。その際、デバイスをIoT Hubに登録する作業を、IoT Hub Device Provisioning Service（以降、DPS）を介して実施できます。このサービスは、デバイスの起動時や任意のタイミングで、複数あるIoT Hubから適切なものを自動で選んで接続するようにしたい、という場面で使用できます。

DPSを使用したIoT Hubへのデバイス登録とプロビジョニング

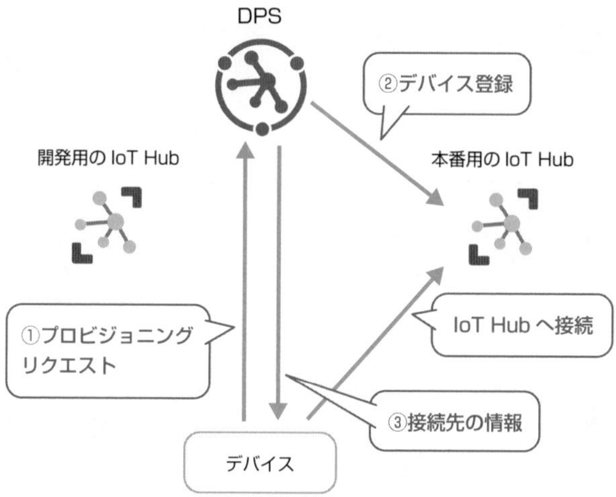

DPSには、あらかじめ1つ以上のIoT Hubを登録し、デバイスがそれを選択する条件を設定しておきます。デバイス側に組み込むDPSの接続先設定は、最初に一度行えば変更する必要はありません。デバイスがプロビジョニングを行う際はまずDPSとの通信を行い、DPSから接続先となるIoT Hubの情報を取得します。適切なIoT Hubへの接続と、初期設定を行うプロセスを支援するのが、DPSの役割です。

デバイス上のアプリケーションの開発

デバイスがIoT Hubとつながるためには、**認証やメッセージ送受信などを行うアプリケーションをデバイス上で起動させておく必要があります。**Azureではデバイス側のアプリケーション開発用に、各種開発言語でDevice SDK（.NET／Embedded C／C／Java／Node.js／Python／iOS）が用意されています。また、Visual Studio Codeでは開発用の拡張機能が提供されています。Visual Studio Code上から、IoT Hubの管理やデバイスの管理、デバイスで起動させるアプリケーションの開発、デバイスからのメッセージの確認などを、簡単に行えます。

デバイスとIoT Hub間の通信プロトコル

IoT HubはMQTTやAMQP、HTTPSといった複数プロトコルに対応しており、デバイスとの間で双方向にメッセージのやり取りを行えます。**MQTT**は軽量でシンプルなプロトコルで、コンピューティングリソースの小さなデバイスが通信を行う場合に適しています。そして**AMQP**には、MQTTよりも豊富な制御機能があります。単一のTCP接続を使用した多重化なども行えますが、使用するコンピューティングリソースはMQTTよりは大きくなります。どちらも、IoTでよく使用されるメッセージングプロトコルです。

IoT Hubと接続するデバイスは、使用する環境やデバイスのコンピューティングリソースサイズ、用途に応じて、プロトコルは任意に選択できます。

プロトコルとポートごとのユースケース

プロトコル	使用ポート	推奨されるユースケース
MQTT	8883	単一のTLS接続で複数のデバイス（それぞれがデバイス独自の資格情報を有する）が接続する必要がないすべてのデバイス
MQTT over WebSocket	443	MQTTと同じだが、TCP:8883が使用できない環境のデバイス
AMQP	5671	複数のデバイスで通信の多重化を必要とする、フィールドゲートウェイデバイス
AMQL over WebSocket	443	AMQPと同じだが、TCP:5671が使用できない環境のデバイス
HTTPS	443	その他のプロトコルをサポートできないデバイス

MQTTとHTTPSは、TLS接続ごとに1つのデバイスIDのみをサポートします。このため、IoT Hubへの接続で複数のデバイスIDを使用してメッセージを多重化

する必要がある、**フィールドゲートウェイ**などのシナリオでは、サポートされていません。このようなゲートウェイの役割を担うデバイスは、トラフィックに対して、AMQPなどの接続ごとに複数のデバイスIDをサポートするプロトコルを使用します。

デバイスとIoT Hub間で使用できる通信機能

デバイスとIoT Hubの間では、デバイスからクラウドへ・クラウドからデバイスへのメッセージを一方向で送信する方法や、そのほかのいくつかの通信機能が用意されています。

◯ デバイスからIoT Hubへのメッセージ(Device-to-Cloud・D2C)

デバイスからクラウドへ、最大256KBのメッセージを送信できます。センサーデータの送信など、最も使用頻度が高いと思われる機能です。受信されたメッセージはIoT Hubで最大7日間、一時的に保持できます。

◯ IoT Hubからデバイスへのメッセージ(Cloud-to-Device・C2D)

クラウドからデバイスへ、最大64KBのメッセージを送信できます。デバイスがオフラインの場合などは、1デバイスあたり50件まで保持しておくことが可能です。

◯ デバイスツイン

IoT Hubでは、**デバイスツイン**という機能を利用することで、デバイスの状態の監視・設定をクラウド側から行えるようになっています。デバイスツインは、IoT Hub側とデバイス側で共通のJSONデータを参照および変更できるしくみで、IoT Hub側からはdesiredというプロパティ、デバイス側ではreportedというプロパティを変更できます。

たとえばクラウド側からデバイスに対して、何らかの設定やしきい値などを変更したい場合、desiredプロパティを変更します。デバイス側のプログラムでプロパティの変更を検知し、変更された内容に応じてセンサーなどの挙動を変更します。そして、その結果をreportedプロパティに書き込むと、クラウド側でその値を確認できます。ほかにもreportedプロパティは、長時間に渡る処理の進捗報告といった用途で使用可能です。

デバイスツイン

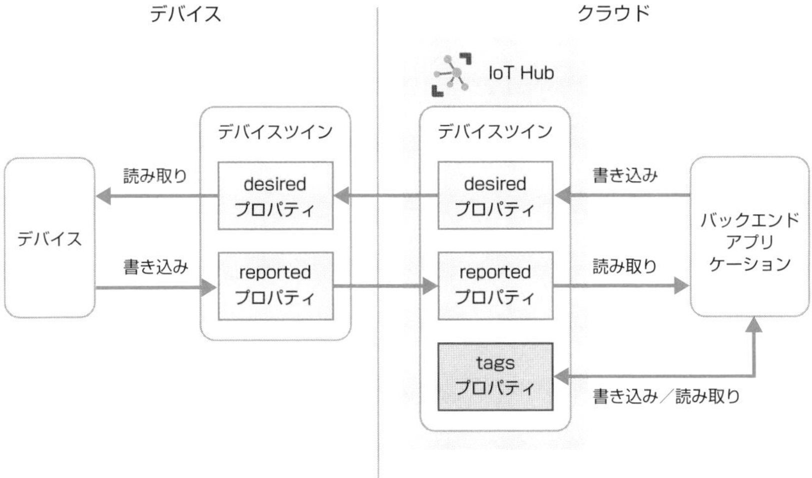

デバイスツインのJSONデータは、デバイスがオフラインの状態でもクラウド上で保持されるので、次にデバイスがIoT Hubと接続した際に読み取って自身の設定を変更できます。

○ ダイレクトメソッド

クラウド側からデバイス上のプログラムのメソッドを呼び出したい場合は、**ダイレクトメソッド**を使用します。リクエストを受けたデバイスは、プログラム内の指定のメソッドを実行し、応答をIoT Hubに返します。長時間に渡るような処理を実行するメソッドの場合は、応答をすばやく返し、実行中の処理についての状況報告はデバイスツインで行う、といった使い方が可能です。

ダイレクトメソッド

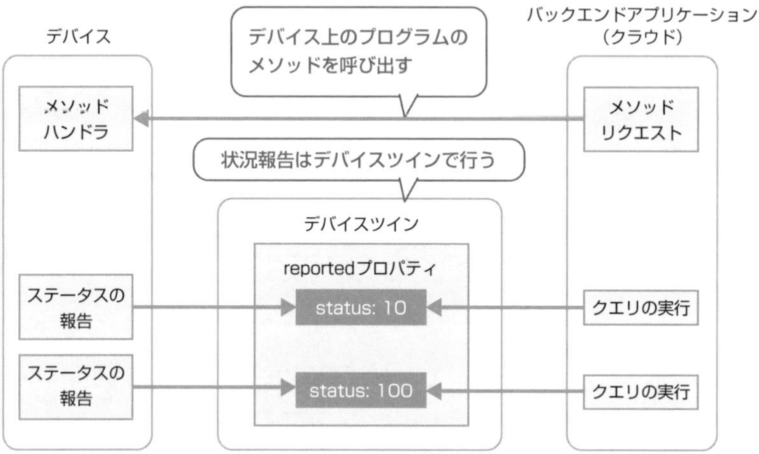

○ ファイルのアップロード

デバイスからクラウドに、カメラ画像などの比較的大きめのファイルを送信したい場合は、専用の機能が用意されています。デバイスからクラウドへのメッセージは256KBまでに制限されていますが、ファイルのアップロード機能では、AzureのBlob Storageで許可されているサイズが上限になります。つまり、テラバイト級のサイズも可能です。

その場合はあらかじめ、IoT Hubでファイルアップロード用のBlob Storageを設定しておきます。デバイスはBlob StorageとHTTPSを使用して、IoT Hubを介さずに直接通信を行います。

ここまで、デバイスからクラウドへ・クラウドからデバイスへ送信可能なメッセージのしくみについて解説しました。このしくみを次の表にまとめます。

デバイスからクラウドへのメッセージやデータ送信

オプション	用途
D2Cメッセージ	データやアラートメッセージの送信
デバイスツインのreportedプロパティ	状態や環境などの報告、実行時間が長い処理の進捗報告
ファイルアップロード	メディアファイルや大きなデータのバッチ送信

クラウドからデバイスへのメッセージ送信

オプション	用途
C2Dメッセージ	デバイスへの何らかの通知
デバイスツインのdesiredプロパティ	デバイスの設定やプロパティの変更
ダイレクトメソッド	デバイス上のメソッドを実行し、応答が必要な場合

データを他のサービスへルーティング

IoT Hubはメッセージの仲介を行うサービスであり、**分析などを行う機能はありません**。送られてきたデータを処理するには、他のサービスへそれらを流すしくみが必要です。IoT HubにはAzureの各種サービスと連携するメッセージルーティングの機能があり、分析用のサービスやストレージなどにメッセージを配信できます。

IoT Hubからメッセージを受け取るバックエンドのサービス例

サービス	機能・用途
Azure Stream Analytics	リアルタイムストリーム処理エンジン。メッセージのリアルタイム集計やフィルタリングなどで利用する
Azure Functions	関数でメッセージの処理ができる。個別のメッセージのリアルタイム処理で利用する
Blob Storage	非構造化データ用ストレージ。メッセージの保存に利用する
Event Hubs	メッセージキュー。複数のAzure Stream AnalyticsやAzure Functionsに、フィルタリング設定を変えて配信したい場合などに利用する

IoT HubはPub/Subのモデル（非同期でメッセージをやり取りする方式の一種）を実装しているので、複数のエンドポイント（窓口）に対して同じメッセージを配信できます。エンドポイントごとにフィルターの設定もできるので、クエリに一致したメッセージのみを配信することが可能です。

ルーティングで使うエンドポイントの種類

IoT Hubからほかのサービスにデータを流すために、ルーティングの設定を行う際は、まず配信先のリソースを作成します。そしてIoT Hubにエンドポイントの追加を行い、その後ルートの追加を行います。エンドポイントは、保存や分析用、可視化用など、用途ごとに追加します。

◯ 組み込みエンドポイント

ルーティングの設定を一切していない初期状態では、すべてのメッセージは組み込みのエンドポイントに流れるようになっています。これはIoT Hubごとに1つだけ存在するエンドポイントで、Event Hubs（メッセージキューサービス。P.223参照）と互換性があります。つまり、Event Hubsと接続できるサービスやクライアントは、IoT Hubの組み込みエンドポイントに接続が可能です。組み込みのエンドポイントを使用すると、たとえばAzure Stream AnalyticsやAzure Functionsと連携できます。

組み込みのエンドポイントに配信されたメッセージは、複数のサービスで同じものを受信できます。メッセージを受信したいサービスごとに、**コンシューマグループ**という単位を作成し、接続する際に使用します。

組み込みのエンドポイントは、複数のサービスで読み取りが可能ですが、登録できるフィルタリングクエリは1つだけです。そのため、配信先のフィルタリングを細かく制御したい場合、後述するカスタムのEvent Hubsエンドポイントを作成し、Azure Stream AnalyticsやAzure Functionsなどへ配信を行うように設定します。

◯ カスタムエンドポイント

Blob StorageやEvent Hubs、Service Busキュー、Service Busトピックに対してメッセージを配信するためには、個別のリソースを指定してエンドポイントを登録しておく必要があります。なお、**Service Bus**は、キューやPub/Subモデルでメッセージを配信する、Azureのサービスです。

たとえば、データの保存用にBlob Storageのエンドポイントを追加したり、フィルタリングしたデータでAzure Stream Analyticsに接続するためにEvent Hubsのエンドポイントを追加したりします。

メッセージルーティング

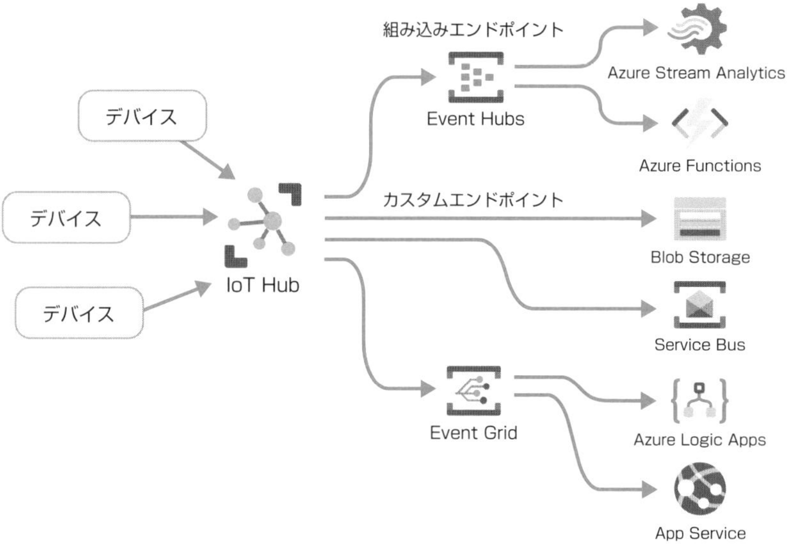

エンドポイントへのイベント配信の設定

IoT Hubにエンドポイントを追加したら、各エンドポイントに対して、イベントを配信する設定（ルーティング）を追加します。ルーティングでは、エンドポイントとデータソースの選択を行います。エンドポイントは、カスタムで追加したものと、規定で存在する「組み込みのエンドポイント」を指定可能です。データソースは、複数種類あります。

ルーティング設定のデータソース

データソース	内容
デバイステレメトリメッセージ	デバイスからのメッセージ
デバイスライフサイクルイベント	IoT Hubに対してのデバイスの追加と削除の通知
デバイス接続状態イベント	デバイスの接続と切断の通知
デバイスツインの変更イベント	デバイスツインの変更通知
デジタルツイン変更イベント	デジタルツインの変更通知

ルーティング設定では、さらにフィルタリング用のクエリを指定できます。メッセージプロパティとメッセージ本文に基づいてクエリを実行できるほか、デバイスツインのタグとプロパティに基づいてフィルタリングを実行することもできます。

以下に、フィルタリング用のクエリの記述例を紹介します。

```
# すべてのメッセージがルーティングされる
true

# システムプロパティに対するクエリ
$dt-subject = "thermostat1"

# アプリケーションプロパティに対するクエリ
processingPath = 'hot'

# メッセージ本文に対するクエリ
$body.Weather.HistoricalData[0].Month = 'Feb'

# デバイスツインに対するクエリ
$twin.properties.desired.telemetryConfig.sendFrequency = '5m'
```

デフォルトでは**フォールバックルート**が有効になっていて、どのエンドポイントのクエリにも一致しないメッセージが、組み込みのエンドポイントに配信されるようになっています。フォールバックルートを無効にした場合、組み込みのエンドポイントには、ルーティングを追加しない限りメッセージが流れません。

フォールバックルートの有効・無効に関わらず、組み込みのエンドポイントへルーティングを追加して、すべてのメッセージや、クエリに一致したメッセージが送信されるように設定することは可能です。

○ Event Grid

Event Gridは多くのAzureサービスと密に連携した、イベントのPub/Subの機能を提供するサービスです。独自で構築したWebアプリケーションなど、カスタムエンドポイントに対応していない配信先に対しては、Event Gridを使用するとイベントの配信を行えます。Event Gridは、IoT Hubのデバイスライフサイクルイベント（Device Created／Device Deleted）、デバイス接続状態イベント（Device Connected、Device Disconnected）、デバイステレメトリ（Device Telemetry）に対応しています。IoT Hubで発生したそれらのイベントを、Webhookで通知できます。たとえば、IoT Hubが受け取ったすべてのメッセージやフィルタリング済みの一部のメッセージをカスタムアプリケーションに配信したいという場合、このEvent Gridを利用すると簡単に実現できます。

通知先のアプリケーションとして、Webhook以外にも、Azure FunctionsやEvent Hubs、ストレージキュー、Service Bus、ハイブリッド接続などに対応しています。Azure portalからEvent Gridの設定を行う際は、IoT Hubの「イベント」メニューから行います。ここから、配信されたイベント数の確認や、サブスクリプションの設定や追加などが可能です。

Event Gridサブスクリプションの追加

Column　AzureでIoTを構築するもう1つの方法

ここまでIoT Hubの機能などを説明してきましたが、Azureでは、IoTのシステムを構築するためのもう1つのオファーとして、**Azure IoT Central**があります。IoT Centralは、SaaSのIoTソリューションです。いくつか用意されているテンプレートを選択するだけで、初期セットアップが終わります。デバイスのテンプレートの追加や状態の監視、管理用の設定などは、カスタマイズ可能なダッシュボードから行えます。すぐに使用可能ですが、IoT Hubを使用して独自のソリューションを構築する場合と比べ、カスタマイズできる範囲は限られています。

IoT Centralのダッシュボード

Section 35

エッジコンピューティング ～IoT Edge

開発において、コンテナー型の仮想化技術でアプリケーションのコードと依存するライブラリをパッケージ化する手法を用いることがあります。コンテナーは、実行環境とアプリケーションを切り離すので、ポータビリティ性を高めます。IoTでも同様に、コンテナーを使用してデバイス上で実行するプログラムをパッケージ化することで、更新などの管理を簡単に行うことが可能です。Azureでは、これを実現するIoT Edgeという機能が提供されています。

IoT Edgeとは

IoT EdgeはIoT Hubで提供される機能の1つで、**デバイス上で起動する複数コンテナーの管理をクラウド側から行えるようにする**ものです。IoT Edgeでは、コンテナーの開発・実行をするツールとして有名な、Dockerと互換性があるコンテナーを使用します。センサー制御やデータ分析、データ保存、IoT Hubとの通信といった機能ごとに、モジュールをコンテナーの形式にパッケージ化します。それらの配信や更新、状態の確認や制御などはIoT Hubを介して実施できるようになります。

なお、本節における「コンテナー」は仮想化技術の一種であり、これまで紹介してきた、Blob StorageのコンテナーといったAzureのリソースとは別物なので、注意してください。

IoT Edgeデバイスではコンテナーが実行される

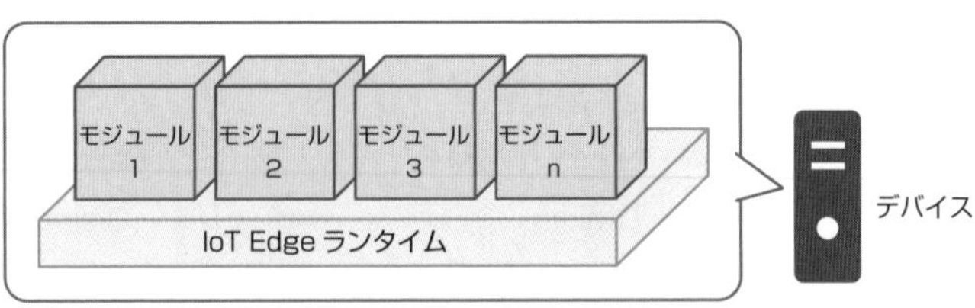

また、IoT Edgeデバイスは、複数のデバイスのゲートウェイとして動作させるという用途で使用することもできます。たとえば、以下のようなユースケースで役立ちます。

- **デバイスで取得したデータをクラウドに送信せずに処理したい**
- **リアルタイムな制御を行いたい**
- **クラウドとの安定した通信環境が確保できない**
- **クラウド上でトレーニングした機械学習のモデルをデバイス上で実行したい**
- **インターネットへの通信機能がないデバイスをIoT Hubで管理できるようにしたい**

実行するモジュールはコンテナー形式なので、開発や再利用もしやすく、公開されているコンテナーイメージをそのまま使用することもできます。マイクロソフトからもいくつかの公式モジュールが提供されており、Marketplaceにも多くのモジュールが公開されています。もちろん、カスタムモジュールを開発して使用することも可能です。

IoT Edgeランタイム

IoT Edgeではランタイムが用意されていて、コンテナーエンジンとともに、あらかじめデバイスにインストールしておく必要があります。ランタイムをインストールしたあとは、デバイス上で起動させたいコンテナーの制御や監視を、すべてIoT Hubを介して行えます。

IoT Edgeデバイス上では、ソリューションで使用するコンテナーのほかに、**IoT Edgeエージェント**と**IoT Edgeハブ**というコンテナーを起動させておきます。これらにより、各コンテナーのダウンロードから起動・停止・更新、監視や通信などの機能が提供されます。

また、コンテナー間でのメッセージルーティングの機能があるので、コンテナー間でデータのやり取りがしやすくなっています。さらに、デバイスとIoT Hubの間で通信が途切れた場合にメッセージを保管し、オンラインになったときに自動で同期するしくみも組み込まれています。

IoT Edge上で使用できる公開モジュール

Azureなどのサービスをlo T Edge上で使用できるようにしたモジュールが、多数提供されています。基本的には、接続先をAzure上のエンドポイントではなく、デバイス上のコンテナーのエンドポイントにするだけで、使用方法は変わりません。

主な公開モジュール

モジュール	説明
Blob Storage	AzureのBlob Storageと同様のデータ操作が可能。格納されたファイルを自動でAzureのBlob Storageに同期できる
Azure SQL Edge	IoT Edge向けに最適化されたリレーショナルデータベースエンジン。SQL Serverと同じエンジンに基づいて構築されている
Azure Machine Learning	トレーニング済みの機械学習モデルをIoT Edgeデバイス上にデプロイし、実行できる
Azure Stream Analytics	Azure上のStream Analyticsと同様にSQL形式のクエリでリアルタイムストリーム分析が可能。Azure Machine Learning関数などの一部の機能は非対応
Cognitive Services (Computer Vision、Custom Vision、Face、Text Analytics、LUISなど)	Azure上でトレーニング済みのモデルをIoT Edgeデバイスにデプロイし、画像やテキストの分析が可能

カスタムモジュールの開発

Dockerと互換性のあるコンテナーであれば、IoT Edgeで扱うことが可能です。各コンテナー内のプログラム開発には、Device SDKを使用します。

Visual Studio Codeでは、IoT Edgeの拡張機能が提供されているので、Edgeモジュールの開発からシミュレータでの起動やデバッグ、イメージのアップロードまでを一気通貫で行えます。

IoT Edgeをゲートウェイとして使用する

IoT Edgeには、クラウドへの通信機能がないデバイスやインターネットに露出させたくないデバイスと、IoT Hubとの間の通信を中継する機能もあります。配下のデバイスはIoT Edgeデバイスと接続し、IoT Edgeデバイスはゲートウェイとして配下のデバイスとIoT Hubの通信を仲介します。

このとき、Bluetoothなどの近距離通信プロトコルしか使用できないデバイスは、IoT Edgeデバイスでプロトコル変換を行うことにより、IoT Hubと通信できるようになります。また、各ダウンストリームデバイスがIoT Hubに登録されていて、デバイスIDを保持しているパターンでは、デバイスツインなどの機能を使用可能です。

ゲートウェイとしてのIoT Edgeデバイス

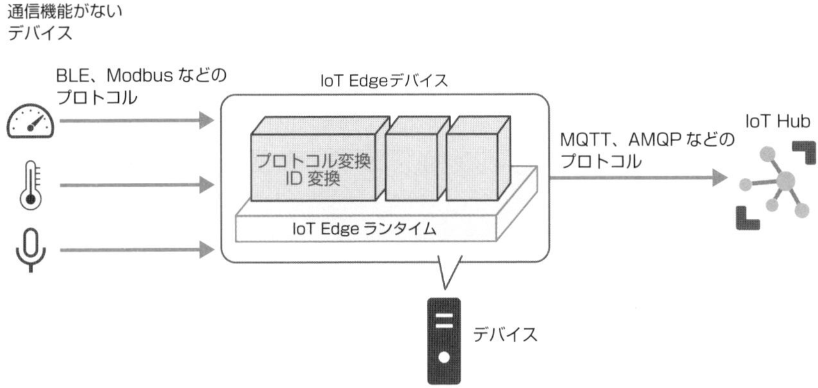

IoT Edgeデバイスのネスト

IoT Edgeでは、IoT Edgeデバイスの配下にIoT Edgeデバイスを接続するといったような、階層構造を編成できます。これにより、インターネットへの通信機能は1台の親デバイスのみが持っていればいいことになります。子となるIoT Edgeデバイスは上下の階層のデバイスと通信を行い、最上位のIoT EdgeデバイスのみがIoT Hubとの通信を行います。

Section 36

データのリアルタイム処理

IoT Hubに入ってきたメッセージは、さまざまなサービスにルーティングできます。ここでは、データのリアルタイム分析に特化した、Azure Stream AnalyticsとAzure Time Series Insightsという2つのサービスを紹介します。

これら2つのサービスは、IoT Hubの組み込みエンドポイントやEvent Hubsを入力とすることができ、連携するにあたって接続用のプログラムコードなどは必要ありません。本節では、あわせてEvent Hubsについても解説します。

Azure Stream Analytics

Azure Stream Analytics（以降、Stream Analytics）は、大量のストリーミングデータをリアルタイム処理するためのサービスです。SQL形式でクエリを記述することで、入ってきたメッセージに対してリアルタイムでフィルタリングや集計などを行えます。コンピューティング用のリソースの準備や、プログラミングの知識は必要ありません。

ただし、Stream Analytics自体にデータを保存する機能はないので、あくまで、ストリーミングデータの処理を行うプリプロセッサとして使用します。データの視覚化や通知、ワークフローの実行などは、出力先のサービスで行います。

IoT HubとStream Analyticsの連携

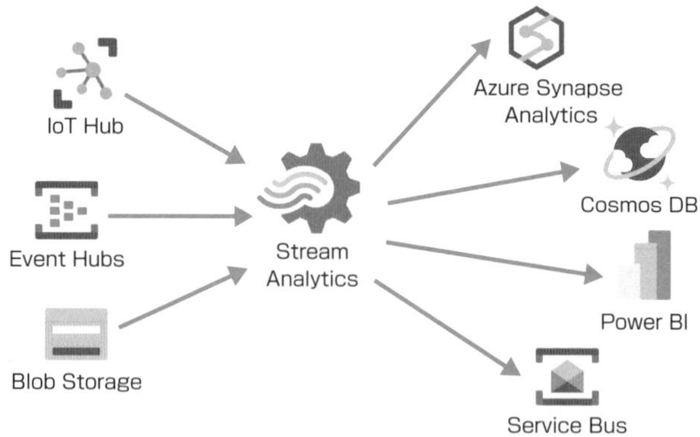

○ Stream Analyticsでのクエリの記述

Stream Analyticsでのクエリの記述について紹介しましょう。たとえば、以下のような形式のデータが、デバイスからIoT Hubに送信されているとします。

```
{
    "createdAt": "2021-01-26T20:47:53.0000000",
    "deviceId": "Sensor-001",
    "temp": 34.6,
    "hmdt": 66.5
}
```

Stream Analyticsでは、次のようなクエリを使用して、IoT Hubの組み込みエンドポイントから配信されてきたデータの処理をリアルタイムで行うことが可能です。

```
SELECT
    createdAt, temp AS Temperature, hmdt AS Humidity
INTO
    Storage-Sensor001
FROM
    IoTHub
WHERE
    deviceId = 'Sensor-001'
```

このクエリでは、デバイスIDが「Sensor-001」のデバイスから送信されてきたイベントデータのみ、「Storage-Sensor001」という名前で登録されている出力先にルーティングします。FROM句を使用してデータを読み取る入力元、INTO句を使用してデータを書き込む出力先を指定します。なお、クエリを書く前に、入力元、出力先のリソースをStream Analyticsに登録しておく必要があります。

Stream Analyticsでは、ストリーム入力としてIoT Hub、Event Hubs、Blob Storage、参照入力として、Blob StorageとAzure Data Lake Storage Gen2、SQL Databaseに対応しています。また出力として、各種ストレージやデータベース、キュー、Azure Functions、Power BIなどに対応しています。サポートされるデータ形式は、CSV、JSON、およびAvroです。

1つのStream Analyticsインスタンスで複数のクエリを記述し、複数の出力先に加工したデータをルーティングさせることも可能です。

○ 一定時間おきに集計を行うウィンドウ関数

Stream Analyticsのクエリでは、指定した条件に一致するイベントグループに対して集計を行う**ウィンドウ関数**を使用することが可能です。この機能が、Stream Analyticsの大きなメリットの1つといえるでしょう。ウィンドウ関数を使うと、一定の条件を満たしたイベントを同一グループとみなして、集計を行えます。

ウィンドウ関数にはいくつか種類がありますが、ここではその1つである、**タンブリングウィンドウ**を使用したクエリの例を紹介します。デバイスからのデータは、先ほど紹介したものと同じ形式とします。

```
SELECT
    System.Timestamp AS OutputTime,
    deviceId AS SensorName,
    Avg(temp) AS AvgTemperature
INTO
    Alert-ServiceBus
FROM
    IoTHub TIMESTAMP BY createdAt
GROUP BY TumblingWindow(second,30), deviceId
HAVING AVG(temp) > 50
```

このクエリでは、30秒単位で、deviceIdごとにイベントのストリームをグループ化しています。そして、各グループの平均温度が50度を超える場合のみ、名前と時刻、平均温度を「Alert-ServiceBus」にルーティングします。

どの時刻情報をもとにグループ化するのかを指定するため、FROM句でTIMESTAMP BY句を使用しています。HAVING句で使用しているAVGは集計関数の1つで、平均値の計算を行います。ほかにも数のカウントを行うCOUNT、最大値や最小値を取得するMAX／MIN、合計値を計算するSUMなどがあります。

このクエリの結果は、次のような項目が含まれたデータになります。

ウィンドウ関数を使用したクエリの結果

outputtime	sensorname	avgtemperature
"2018-10-24T20:48:00.0000000Z"	"sensorA"	131
"2018-10-24T20:48:00.0000000Z"	"sensorE"	115.25
"2018-10-24T20:48:00.0000000Z"	"sensorD"	100
"2018-10-24T20:48:00.0000000Z"	"sensorC"	77
"2018-10-24T20:48:30.0000000Z"	"sensorB"	108.42857142857143
"2018-10-24T20:48:30.0000000Z"	"sensorA"	105.44444444444444
"2018-10-24T20:48:30.0000000Z"	"sensorE"	122.5
"2018-10-24T20:48:30.0000000Z"	"sensorD"	100

ウィンドウ関数はGROUP BY句で使用できます。タンブリングウィンドウ以外の関数も紹介しましょう。

ウィンドウ関数の種類

ウィンドウ関数	説明
タンブリングウィンドウ	指定した時間ごとにストリームを分割して集計を行う
ホッピングウィンドウ	タンブリングウィンドウと似ているが、ウィンドウの頻度とウィンドウのサイズを別で指定できる
スライディングウィンドウ	ウィンドウのサイズを指定しておき、イベントが発生したタイミングをウィンドウの終了として集計を行う
セッションウィンドウ	タイムアウト時間以内のイベントは同一ウィンドウとして扱う
スナップショットウィンドウ	同じタイムスタンプのイベントをグループ化する

なお、先ほど紹介したクエリからは読み取れませんが、たとえば、出力先のメッセージキューであるService Busの先で、Azure Logic Appsと連携するといったことが可能です。Azure Logic AppsのService Busトリガーを使うと、30秒間隔で平均50度を超える気温に達したセンサーを特定し、管理者に対してメールなどで通知するといったことが実現できます。

Azure Time Series Insights

Azure Time Series Insights（以降、TSI）は、IoTデータの分析と視覚化に特化したサービスです。データの蓄積やクエリの実行、データの視覚化を行えます。セットアップは非常に簡単で、TSIのリソースを作成したあとは、既存のIoT HubかEvent Hubsをイベントソースとする設定を行うだけです。

イベントソースへの接続後、すぐにデータの表示や探索、クエリの実行などを行えます。JavaScriptのSDKが提供されているので、TSIのデータを使用するカスタムのアプリケーションを構築することも可能になっています。なお、TSIはGen1とGen2という種類が提供されていますが、ここではGen2について説明します。

Azure Time Series Insights

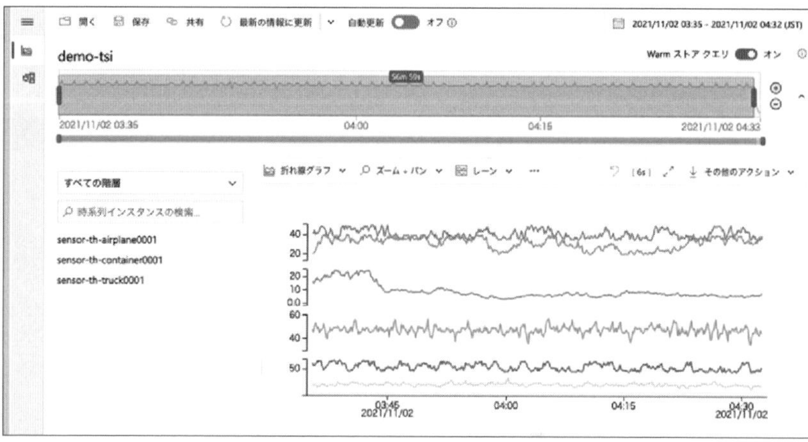

TSIによって処理されたストリーミングデータは、TSIで設定したストレージに格納されます。直近のデータ（7～30日分）はウォームストアに保存でき、それより古いデータはコールドストアに保存されます。イベントが取り込まれると、ウォームストアとコールドストアの両方で、インデックスが作成されます。コールドストアはデータの保持用に、Blob StorageかAzure Data Lake Storage Gen2を使用できます。

ウォームストアに保存されたデータに対しては、ほぼリアルタイムで、可視化や高速なクエリ実行が可能です。コールドストアに保存されたデータに対する操作は、ウォームストアよりは時間がかかります。

Event Hubs

Event Hubsは本章の中で何度か名前が出てきているサービスです。IoT Hubの組み込みのエンドポイントはEvent Hubsと互換性があり、カスタムエンドポイントでEvent Hubsに対してデータを配信するよう設定することも可能です。ここで改めて、どんなサービスか見てみましょう。

Event Hubsは、ストリーミングデータの取り込みと配信に特化したサービスです。秒間数百万のイベントデータを扱うことができ、取り込んだデータを一時的に格納し、Pub/Subモデルで複数の出力先に配信できます。なお、IoT Hubのようなデバイス管理や双方向通信といった機能はありません。

独立してデータを取得したいクライアントごとにコンシューマグループという単位を使用し、データを受信します。コンシューマグループは、Pub/Subモデルのサブスクリプションと捉えることができます。Event Hubsでは内部で複数のパーティションに分割されており、高いスループットが出せるように設計されています。各コンシューマグループから、すべてのパーティションに接続してデータを取得します。

Event Hubsでは、指定した日数（最大7日）だけ取り込んだデータを保存することができます。Event Hubsの中で、長期的にデータを保持することはできません。永続化したい場合はストレージにデータをすべて保存する「キャプチャ」という機能を利用できます。

そのほかのサービスでリアルタイム処理する

ここで紹介したサービス以外にも、Azure Functions（P.92参照）のIoT Hubトリガーを使用すると、メッセージに対して何らかの加工や処理を行うことが可能です。

また、IoT HubからEvent Gridのサブスクリプションを作成すると、そのほかの多くのサービスと連携可能です。たとえばEvent GridトリガーのAzure Logic Appsのワークフローを起動させたり、Webhookを受け付けるWebアプリケーションなどで処理させたりすることができます。

Section 37

データの分析

データ分析は、データ量がそれほど大きくない場合などは、単一のデータベースを使用するだけで行えます。しかし、データの量や発生頻度、さらに形式の種類が増えてきた場合、ビッグデータの分析に特化したサービスを利用したほうがコストや手間を省けます。ビッグデータとは、従来のデータベースでは管理できないほど巨大なデータのことです。

ここでは、IoTのシナリオ以外でも使用できる、ビッグデータ用の分析とストレージサービスをいくつか紹介します。現在Azureでは、Apache Sparkの分析エンジンが利用できるサービスが増えており、大規模なデータ処理を煩雑な準備を必要とせず簡単に行えるようになっています。

Azure Synapse Analytics

Azure Synapse Analytics（以降、Synapse Analytics）は、ビッグデータ分析を行うために必要な機能群を1つの環境に統合したサービスです。以前は、Azure SQL Data Warehouseという名前で提供されていました。1つのサービス内で、テラバイト級のデータを保持できるデータウェアハウス、各種データソースからデータを取り込むためのETL機能（P.226参照）、溜め込んだデータを分析、および視覚化するためのツールを利用できます。Azureでデータ分析を行う際、Synapse Analyticsでカバーできる領域はとても広いといえるでしょう。

Synapse Analyticsは、**Synapse Studio**というWebのインターフェースから、SQLやApache Sparkのクエリを実行・プールの管理などができます。

Synapse Studio

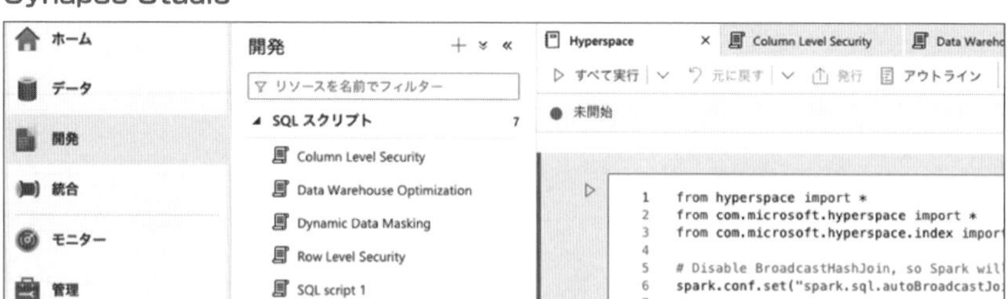

SQLを使用した分析

SQLを使用したデータ分析では、コンピューティングリソースに専用のSQLプールを確保することも、サーバーレスで使用することも、どちらも可能です。**SQLプール**とは、Synapse Analyticsで分析を行う上で使用する、分析リソースの単位のことです。

専用SQLプールなら、**DWU（Data Warehouse ユニット）**というCPUやメモリなどを抽象化した単位でスケールを行い、必要に応じてスケールアップまたはスケールダウンしたり、使用しない期間に停止させたりすることができます。専用SQLプールの場合はDWUの数と使用時間に応じて課金されます。サーバーレスの場合は、必要なときのみアドホックにクエリを実行し、クエリを実行するために処理されたデータの量に応じて支払うことが可能です。テラバイト級のデータに対して頻繁にクエリを実行するような場合は、専用SQLプールを使用すると、費用を抑え高速に実行できます。

サーバーレスSQLプールは、OPENROWSET関数を使用して、Azure Data Lake Storage Gen2に保存したCSVファイルや、Parquetファイル（オープンソースの列志向ファイル形式のこと）に対してもクエリを実行できます。

Sparkを使用した分析

Synapse Analyticsでは、Apache Sparkを使用した分析も可能です。専用のSparkプールでScala、Python、C#といった言語でプログラムを記述し、データの分析や機械学習ソリューションを開発できます。プールはオートスケールができ、使用していない場合は自動停止が可能です。簡易的にデータを可視化したい場合は、Sparkプールを利用し、Jupyter Notebookを実行することで、即座にデータをグラフにすることも可能です。

そのほかの機能

後述するAzure Data Factoryと同様のUIを利用したETL機能も搭載しており、データの取り込みを行えます。また、PowerBIとリンクさせて、視覚化したデータを、データサイエンティスト以外に対しても即座にレポーティングできます。PowerBIと連携する場合、専用SQLプールは、SQL DatabaseなどのRDBと比較して、データの取得のレスポンス性能が高いことが多く、大量のデータを利用して定期的にレポーティングするような場面では有利といえます。

Azure Databricks

Azure Databricksは、現在サービス上で以下の3つの環境を切り替えて使用できるようになっています。

Databricks Data Science & Engineeringは、Apache Sparkに基づくフルマネージドの分析プラットフォームです。Sparkクラスターの作成後は、オートスケールが可能です。

Databricks Machine Learningでは、機械学習モデルの開発と管理をエンドツーエンドで行うことができる機械学習プラットフォームが提供されます。

また、現在プレビュー中であるDatabricks SQLでは、Synapse AnalyticsやData Lake Storageなどに対して、アドホックにSQLクエリを実行することができます。ダッシュボードを使用して分析情報を可視化し、他のユーザーと共有することも可能です。

Azure Data Factory

Azure Data FactoryはETLに特化したサービスで、データの統合やデータの変換を行えます。**ETL**というのは、データの抽出（Extract）、変換（Transform）、書き出し（Load）のことです。ソースからデータを取得し、データ処理エンジンを使用して並び替えやクリーニング、集計、結合などの計算を行い、結果をデータウェアハウスに出力する、という順序の処理を表します。

対比される概念として、**ELT**があります。こちらは抽出後、読み取りと変換を同じターゲットストア上で行います。一連の処理の流れから変換を担当するリソースがなくなるため、アーキテクチャがシンプルになります。ELTは比較的新しい方法で、クラウドベースのスケールしやすいプラットフォームが出てきたことにより、実現可能となりました。**AzureではSynapse Analyticsの専用SQLプールなどを使用するとELTが可能です。**

Azure Data Factoryでは、WebのUIを使用して、定期的にデータソースからデータを取得、加工・変換し、出力するパイプラインを簡単に作成できます。コードを記述せずにSparkを使用したデータ変換を行うことが可能ですし、Sparkのプログラムを記述して、オンデマンドのSparkクラスターを使用して変換を行うこともできます。データソースはAzure以外の場所にあってもかまいません。オンプレミスのデータはもちろん、AWSのストレージサービスであるS3など、他社サービスとも連携することが可能です。

Synapse Analycsのパイプライン機能でもAzure Data Factoryとほぼ同じ機能を使用することができますが、現状SSISパッケージやPower Queryを使用したパイプラインはAzure Data Factoryでのみ作成可能です。

Azure Data Lake Storage Gen2

Azure Data Lake Storage Gen2（以降、ADLS）は、ビッグデータ分析のためのデータレイクソリューションです。**データレイク**とは、未処理の大量のデータから用途ごとに加工されたデータまで、すべてを一元的に格納しておくデータリポジトリのことを指します。扱うデータは、構造化されたものから、JSONやCSVなどの半構造化データ、画像・動画・音声などのバイナリファイルまで含みます。

ADLSは、Blob Storageの機能をベースに、分析ワークロードに特化して最適化しています。格納されたデータをHadoop分散ファイルシステムに保存されているかのように扱うことができ、この機能により、ADLSにデータを置いておくだけで、Azure Databricks、Azure HDInsight、Synapse Analyticsなどのサービスからアクセスすることができます。ADLSを使用するには、ストレージアカウントを作成する際に、「階層型名前空間」のオプションを有効化します。すると、Blob Storageサービスの代わりに、ADLSを使用することができるようになります。

AzureのBlob Storageでは、任意に作成されたコンテナーの配下でデータを管理します。コンテナーの配下では、ディレクトリを使用した階層構造をネイティブに扱えませんが、ADLSではディレクトリを扱えるようになります。なお、Blob Storageのコンテナー配下のディレクトリはそのように見せているだけで、実態はディレクトリ部分も含めたデータの名前になっています。

ADLSは、Blobデータをディレクトリに整理し、各ディレクトリとその中のファイルに関するメタデータを保存します。この構造により、ディレクトリの名前変更や削除などをアトミック操作で行うことができます。また、ACL（アクセス制御リスト）機能がサポートされており、ディレクトリやファイルごとに細かくアクセス管理を行えます。ADLSはAzure Storageプラットフォームに統合されているため、アプリケーションはBlob APIまたはADLSのファイルシステムAPIを使用してデータにアクセスすることができます。

Section 38

ビッグデータアーキテクチャ

ビッグデータのソリューションでは、データソース、ストレージ、リアルタイム処理、バッチ処理、データインジェスト、レポートといったコンポーネントを、シナリオに沿って組み合わせていきます。ここでは一般的によく知られているアーキテクチャパターンとして、Lambdaアーキテクチャとkappaアーキテクチャの2つについて説明します。また、AzureでIoTのソリューションを構築する際のサンプルアーキテクチャも、あわせて紹介します。

Lambda(ラムダ)アーキテクチャ

Lambdaアーキテクチャは、リアルタイム処理とバッチ処理、双方の手法を組み合わせて、データが流れる経路を２種類作成するアーキテクチャです。Lambdaアーキテクチャには、役割が異なる、以下の３つのレイヤーが存在します。

◯ スピードレイヤー(ホットパス)

スピードレイヤーでは、リアルタイムでデータを分析します。精度と引き換えに待機時間が短くなるように設計します。

◯ バッチレイヤー(コールドパス)

バッチレイヤーでは、すべての受信データを未加工の形式で保存し、データに対してバッチ処理を実行します。

◯ サービスレイヤー

サービスレイヤーは、スピードレイヤーとバッチレイヤーからのデータ処理結果をクライアントに提供します。

利用者は、スピードレイヤーからはほぼリアルタイムに処理された結果を、バッチレイヤーからはより精度の高い計算を行った、数時間前までのデータを取得できます。そしてバッチレイヤーに格納されている生のデータは、不変とします。取り込まれたデータは常に既存のデータに追加され、前のデータを上書きしません。これにより、収集されたデータ全体に対して、任意の時点で再計算を行えます。また、システムの進化にあわせて、新しいビューを作成することが可能になります。

Lambdaアーキテクチャ

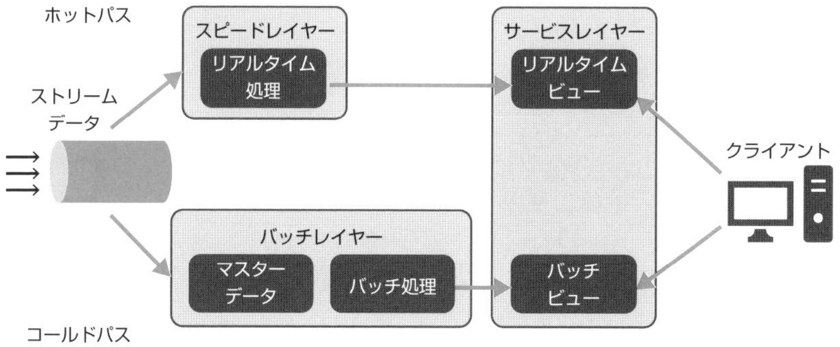

Lambdaアーキテクチャは拡張性が高く、バッチ処理とリアルタイム処理の両方のメリットを享受できます。ただし、2つの異なるシステム、たとえば異なる言語で書かれた2つの分析用コードを、開発・維持する必要があります。

具体的な例として、販売データから需要を予測するシステムを考えてみましょう。店舗のPOSレジで生成された販売データは、クラウド内のスピードレイヤーとバッチレイヤーに送信されます。スピードレイヤーでは、リアルタイムで販売データを分析し、需要予測をすばやく出力します。バッチレイヤーでは、販売データを蓄積するとともに、より長期間の販売データを使って高精度な分析を行います。2つのレイヤーの分析結果はサービスレイヤー内にビューとして保存されます。

Kappa(カッパ)アーキテクチャ

Kappaアーキテクチャは、Lambdaのあとに提案されたアーキテクチャで、よりシンプルな構造を持っています。Kappaアーキテクチャでは、すべてのデータが単一のストリーム処理エンジンで処理されます。

Kappaアーキテクチャ

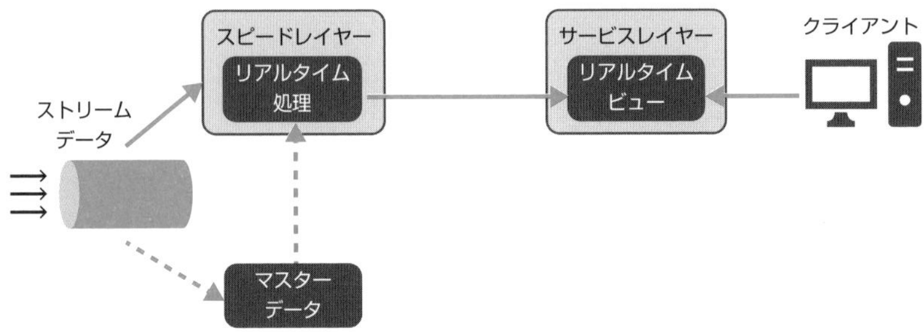

本アーキテクチャでは、Lambdaアーキテクチャのスピードレイヤーと同様に、すべてのデータはストリーム処理され、リアルタイムビューとして永続化されます。クライアントからのクエリを実行する際は、単一のビューを検索するだけです。またバッチレイヤーがないので、単一の処理エンジンを使用した分析コードの開発、デバッグ、保守だけで済むようになります。そして、Lambdaのバッチレイヤーのように、再度処理を行う際は、格納されたストリームデータから再計算を行います。保存されたデータを処理する、新しいストリーム処理のジョブを作成・実行し、新たなビューに出力します。

バッチとリアルタイムで行う分析が同じ場合はKappaアーキテクチャを使用できますが、異なる分析アルゴリズムを使用する場合などは、Lambdaアーキテクチャを使用する必要があります。

IoTアーキテクチャ

IoTソリューションでは、大量のストリームデータをデバイスから収集し、蓄積、分析するシステムが必要になります。それには、ここまで紹介したようなビッグデータのアーキテクチャに加えて、以下のようなコンポーネントが必要です。

IoTアーキテクチャに必要なコンポーネント

コンポーネント	説明
クラウドゲートウェイ	クラウドの境界部分でイベントデータの取り込み・ルーティングを行う
フィールドゲートウェイ	デバイスからイベントを受信してクラウドゲートウェイに送信する。場合によってはフィルタリングや集計、プロトコル変換なども行う
デバイス	クラウドゲートウェイ、もしくはフィールドゲートウェイにイベントを送信する

○ Azure IoTアーキテクチャ

Azureのサービスで IoTとビッグデータ分析を組み合わせたソリューションを構築する場合の、アーキテクチャ例を見てみましょう。

Azure IoTアーキテクチャ例

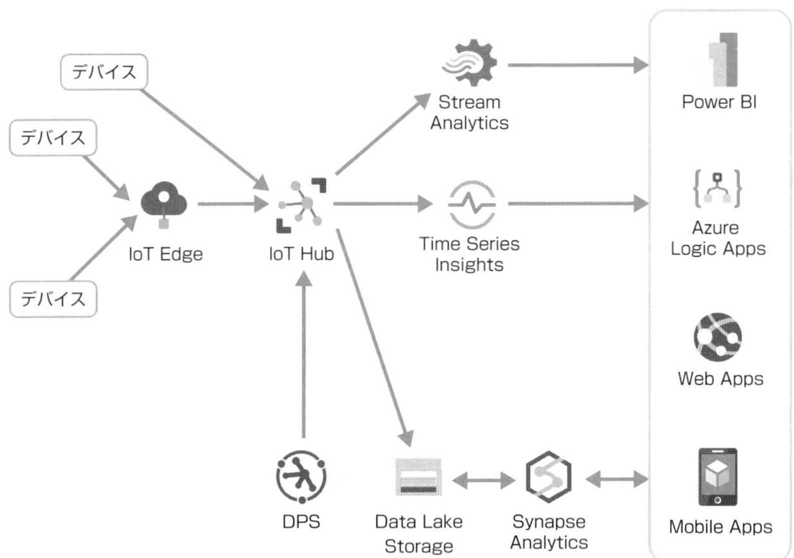

Azure IoTアーキテクチャを構成するコンポーネント

コンポーネント	役割
デバイス	センサーデータのIoT Hubへの送信、IoT Hubからのコマンドの受信などを行う
IoT Edge	フィールドゲートウェイ
IoT Hub	クラウドゲートウェイ
DPS	デバイスのプロビジョニング、初期設定
Stream Analytics	リアルタイムでのデータストリームの処理
Time Series Insights	データの保存、クエリ、視覚化
Data Lake Storage／Blob Storage	未処理や処理済みのすべてのデータの保存
Synapse Analytics	SQLやSparkを利用したデータの分析やデータウェアハウスとして利用
Power BI	ストリームやバッチで処理されたデータの統合、視覚化
Azure Logic Apps	SaaSサービスとの連携や通知の生成、CRMとの統合などを行う
Web Apps、Mobile Apps	デバイスの監視や管理操作、データの確認などを行う
Microsoft Defender for IoT	セキュリティの監視、推奨事項の提供、セキュリティアラートの発行などを行う

このアーキテクチャには含まれていませんが、もちろん以下のようなサービスを使用することもできます。

IoTアーキテクチャに利用できるその他のサービス

コンポーネント	役割
Azure Functions	リアルタイムでのデータの処理
Cosmos DB	レポートと視覚化のために、すぐに取り出せる必要があるデータの保持
Azure Machine Learning	クラウドやIoT Edge上で動作させる機械学習モデルの開発
Azure Databricks	データ分析やストリーム処理、機械学習モデルの開発などを行う

以下のドキュメントには、AzureでIoTソリューションを構築する際に推奨されるアーキテクチャや、実装テクノロジーのオプションなどがまとめられています。詳しく知りたい方は、参考にしてください。

- **Microsoft Azure IoT Reference Architecture**
  https://azure.microsoft.com/ja-jp/resources/microsoft-azure-iot-reference-architecture/

Chapter 7

インフラの効率的な運用

Azureでは、インフラを効率的に運用するためのさまざまなサービスが提供されています。本章ではその中でも、デプロイ・監視・バックアップに焦点を当てて解説します。

Section 39

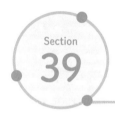

デプロイの自動化 ～ARMテンプレート

Azureには、リソースの管理とデプロイを行う、Azure Resource Managerテンプレートという機能があります。Azureを使ったアプリケーション開発には必要不可欠な機能なので、しっかり理解しておきましょう。

ARMテンプレートとは

Azureのリソースは、Azure portalや、コマンド（Azure PowerShellまたはAzure CLI）を使用して作成しますが、**Azure Resource Manager（ARM）テンプレート**（以降、ARMテンプレート）を使用して作成することもできます。ARMテンプレートとは、**Azureにデプロイ（作成）する一連のリソースを定義したJSONファイル**のことです。

ARMテンプレート

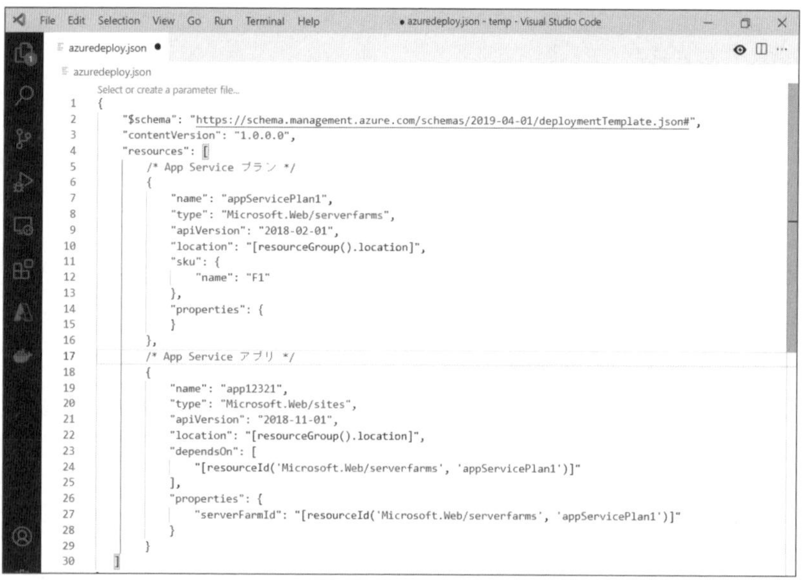
File Edit Selection View Go Run Terminal Help
● azuredeploy.json - temp - Visual Studio Code
azuredeploy.json ●
azuredeploy.json
Select or create a parameter file...
```
{
    "$schema": "https://schema.management.azure.com/schemas/2019-04-01/deploymentTemplate.json#",
    "contentVersion": "1.0.0.0",
    "resources": [
        /* App Service プラン */
        {
            "name": "appServicePlan1",
            "type": "Microsoft.Web/serverfarms",
            "apiVersion": "2018-02-01",
            "location": "[resourceGroup().location]",
            "sku": {
                "name": "F1"
            },
            "properties": {
            }
        },
        /* App Service アプリ */
        {
            "name": "app12321",
            "type": "Microsoft.Web/sites",
            "apiVersion": "2018-11-01",
            "location": "[resourceGroup().location]",
            "dependsOn": [
                "[resourceId('Microsoft.Web/serverfarms', 'appServicePlan1')]"
            ],
            "properties": {
                "serverFarmId": "[resourceId('Microsoft.Web/serverfarms', 'appServicePlan1')]"
            }
        }
    ]
```

Azure Resource Manager (ARM) は、Azureのリソースのデプロイと管理を担当する、Azureの内部レイヤー（層）です。ARMは、Azure portalやコマンドなどからリソースに対するリクエスト（要求）を受け付けて、リソースを一元的にコントロールする役割を持っています。

ARMテンプレートでリソースをデプロイする

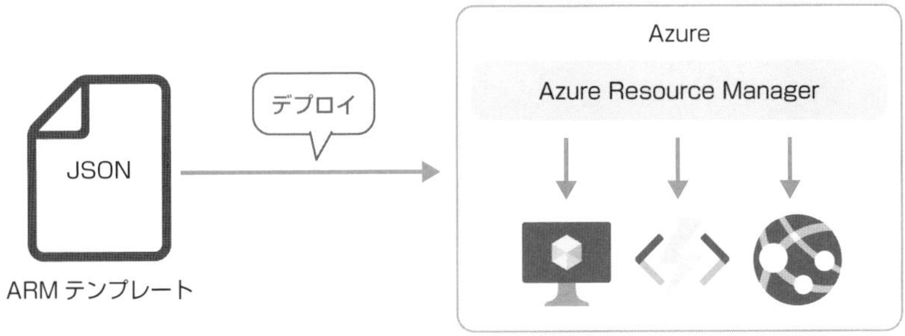

IaC～インフラをコードとして記述できる

ARMテンプレートを使用することで、インフラ（デプロイするリソース）をコードとして記述できます。この考え方はInfrastructure as Code (IaC) と呼ばれます。IaCには、以下のようなメリットがあります。

- **コード（コードで記述されたインフラ）は、Gitなどを使用してバージョン管理を行えます。いつ、だれが、どのリソースに、どのような理由で、どのような変更をしたかといった履歴を、コードとともに残すことができ、必要に応じて前のバージョンに戻せます。**
- **コードは繰り返し利用できるので、手動でデプロイすることによる操作ミスを避けられます。**
- **必要な際にコードからデプロイしてインフラを使用し、インフラが不要になったら即座に削除してコストを節約するという、オンデマンドでのインフラの活用が可能になります。**

ARMテンプレートに記述する要素

ARMテンプレートには、いくつかの要素を記述します。代表的な要素として、$schema、contentVersion、parameters、variables、functions、resources、outputsなどがあります。

◯ $schema

$schemaは、このARMテンプレートが使用するスキーマのバージョンを指定します。

◯ contentVersion

contentVersionは、このARMテンプレートに含まれるリソース定義のバージョンを表します。

◯ parameters

parametersは、パラメータの定義です。パラメータを使用すると、ARMテンプレートをデプロイする際に、Azure VMのサイズなどの値をカスタマイズできます。

◯ functions

functionsは、ARMテンプレートの中で使用できる、ユーザー定義の関数を表します。たとえば、ストレージアカウントの一意の名前を生成するといったユーザー定義関数をここで作成することで、ARMテンプレート内で利用します。

◯ resources

resourcesは、このARMテンプレートでデプロイするリソースの詳細や、デプロイにおけるリソースの依存関係を記述します。

◯ outputs

outputsは、ARMテンプレートのデプロイからの出力を定義します。たとえば、VMをデプロイした場合に、そのVMのIPアドレスの値を出力するといったことができます。

ここで、ARMテンプレートの例を示しましょう。紹介するARMテンプレートでは、App Serviceのプランとアプリをデプロイしています。

ARMテンプレートの例

```
{
    "$schema": "https://schema.management.azure.com/schemas/2019-04-01/
deploymentTemplate.json#",
    "contentVersion": "1.0.0.0",
    "resources": [
        /* App Service プラン */
        {
            "name": "appServicePlan1",
            "type": "Microsoft.Web/serverfarms",
            "apiVersion": "2018-02-01",
            "location": "[resourceGroup().location]",
            "sku": {
                "name": "F1"
            },
            "properties": {
            }
        },
        /* App Service アプリ */
        {
            "name": "app12321",
            "type": "Microsoft.Web/sites",
            "apiVersion": "2018-11-01",
            "location": "[resourceGroup().location]",
            "dependsOn": [
                "[resourceId('Microsoft.Web/serverfarms',
'appServicePlan1')]"
            ],
            "properties": {
                "serverFarmId": "[resourceId('Microsoft.Web/serverfarms',
'appServicePlan1')]"
            }
        }
    ]
}
```

なお、ARMテンプレートの中には、「// コメント」や「/* コメント */」といったコメントも記述できます。

ARMテンプレートの作成方法

ARMテンプレートを作成する方法は、いくつかあります。主な作成方法を紹介しましょう。

ARMテンプレートの作成方法

方法	概要
Azure portal	Azure portalの各種リソースの作成画面にて、リソースの作成に必要な情報を入力し、最後のステップ(「確認および作成」)で、「Automationのテンプレートをダウンロードする」をクリックすると、入力した情報に対応したARMテンプレートが生成される。このARMテンプレートは、ダウンロードが可能
Visual Studio Code	Visual Studio Codeに「Azure Resource Manager (ARM) Tools拡張機能」をインストールすると、ARMテンプレートを記述するのに便利な機能を使用できる。たとえば「スニペット」を使用して、ARMテンプレートの基本形を挿入したり、「コード補完」を使用して、ARMテンプレート内の語句をすばやく正確に入力したりすることが可能

また、すでにリソースがAzureにデプロイされている場合は、いくつかの方法で、それらをARMテンプレートとして「エクスポート」(出力)することも可能です。主なエクスポート方法を示します。

エクスポートの方法

方法	概要
リソースグループ全体	リソースグループにデプロイされたリソース全体を、1つのARMテンプレートとしてエクスポートする
リソースグループ内の個々の「デプロイ」	リソースグループに段階的にデプロイ(リソースの追加)を行った場合、それぞれのデプロイの履歴がリソースグループに残る。これらのデプロイから1つを選択して、それをARMテンプレートとしてエクスポートする
リソース	選択した1つのリソースをARMテンプレートとしてエクスポートする

ARMテンプレートからのデプロイ方法

作成した（生成された）ARMテンプレートで、定義されたリソースをデプロイする方法を紹介します。

ARMテンプレートからのデプロイ方法

方法	概要
Azure portal	Azure portalの画面上部の検索ボックスから「カスタムテンプレートのデプロイ」を呼び出して、ARMテンプレートをアップロードし、デプロイする
コマンド	Azure PowerShellまたはAzure CLIからARMテンプレートをデプロイする

Azure PowerShellコマンドを使って、ARMテンプレートからデプロイする例を以下に示します。以下のコマンドは、testrg1というリソースグループにazuredeploy.jsonというARMテンプレートで定義されたリソースを、デプロイすることを表します。

```
New-AzResourceGroupDeployment -ResourceGroupName testrg1 -TemplateFile
azuredeploy.json
```

上記のコマンドをAzure CLIコマンドにすると、以下のようになります。

```
az deployment group create --resource-group testrg1 --template-file
azuredeploy.json
```

Section 40

インフラの監視～Azure Monitor

インフラの管理者やアプリケーションの開発者は、クラウドやオンプレミスで動いているサーバーやアプリケーションなどのモニタリング（監視）を行う必要があります。たとえば、サーバー（VM）の性能を監視して、サイズ（スペック）や台数を調節する必要があります。また、アプリケーションが生成するログデータを継続的に監視して、アプリケーションの動作状況に問題がないかどうかを確認する必要があります。

このようなモニタリングを効率的に行ったり自動化したりするための、Azureの主なサービスを紹介します。

Azureにおけるモニタリングの概要

Azureにはモニタリングのサービスがいくつかあり、場合によって使い分ける必要があります。それぞれの概要を理解しておきましょう。

Azureのモニタリングのサービス

名称	概要
Azure Monitor	クラウドとオンプレミスの総合的なモニタリング（監視）サービス。Azure Monitorには、Log Analytics、Application Insightsが含まれる
Log Analytics	ログを収集・分析する、Azure Monitorの機能。収集したログを格納するためのリソースは「Log Analyticsワークスペース」、分析機能は「Log Analytics」と呼ばれる
Application Insights	アプリケーションのモニタリングを行う、Azure Monitorの機能

インフラのモニタリング～Azure Monitor

Azure Monitorは、Azureクラウドとオンプレミスに対応する、総合的なモニタリング（監視）サービスです。Azure Monitorでは、メトリックとログを収集・分析・可視化できます。

◯ メトリックのモニタリング

メトリックとは、一定の間隔で収集される数値のことであり、特定の時刻における、システムの何らかの特性を表しています。メトリックは、**メトリックスエクスプローラー**を使用して、グラフ化できます。

メトリックスエクスプローラー

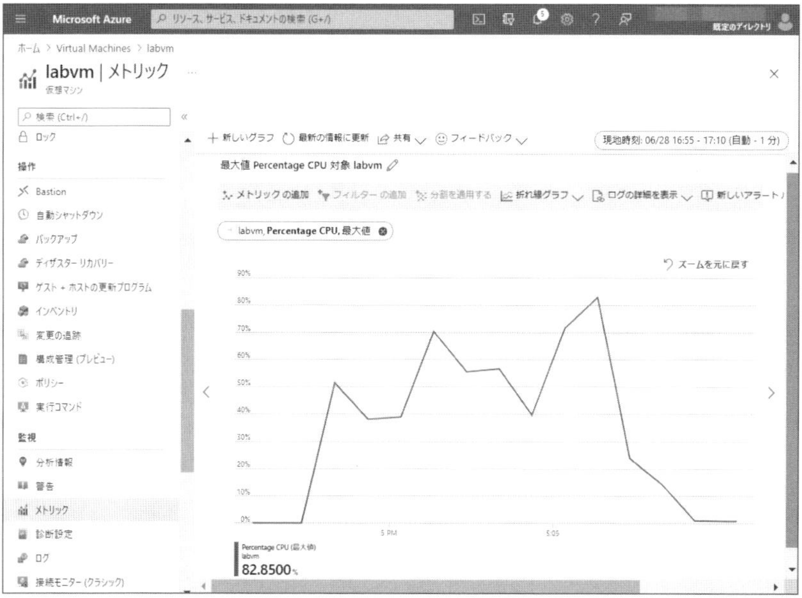

◯ ログのモニタリング

ログは、レコード（行）の集まりです。レコードは、数値、文字列、日付時刻、論理値といったデータの列で構成されます。ログに対して、クエリ（問い合わせ）を行うと、複雑な分析を行えます。

メトリックや、ログのクエリ結果に対して**アラート**を設定できます。たとえば「あるVMのCPU使用率が、5分間の平均で90%を上回った」といった条件で、アラートを設定します。その後、実際にその条件が満たされると、アラートがトリガーされます。

アラートの設定画面

アラートがトリガーされた場合の動作として、通知を行ったり、アクションを実行したりするように設定できます。通知の方法としては、電子メールやSMS、Azure Mobile Appへのプッシュ通知、音声（電話）があります。Azure Mobile Appとは、スマホやタブレット向けのAzure管理アプリのことです。

アクションでは、Azure FunctionsやAzure Logic Appsを起動するように設定でき、アラートの状況への定型的な対処を自動化できます。

ログの収集～Log Analyticsワークスペース

Log Analyticsワークスペース（以降、ワークスペース）は、Azure Monitorのログを格納するためのリソースです。必要に応じて、ワークスペースは複数作成できます。ワークスペースには「データ保有期間」の設定があり、30日～730日を指定します。たとえば、本番環境向けの、ログを長期保存するためのワークスペースと、テスト環境向けの、ログを短期的に記録するためのワークスペースといったように、複数のワークスペースを使い分けることができます。

ワークスペースにログを記録するには、「診断設定」や、Azure Monitorエージェントなどを使用します。

◯ ログを転送する「診断設定」

診断設定は、Azureの「プラットフォームログ」（Azure AD、サブスクリプション、リソースのログ）や「プラットフォームメトリック」をLog Analyticsワークスペースなどに転送するための設定です。「診断設定」を行うことで、たとえばAzure ADのサインイン履歴や、サブスクリプションの操作の履歴（アクティビティログ）などを、ワークスペースに記録していくことが可能となります。

サブスクリプションのアクティビティログの表示

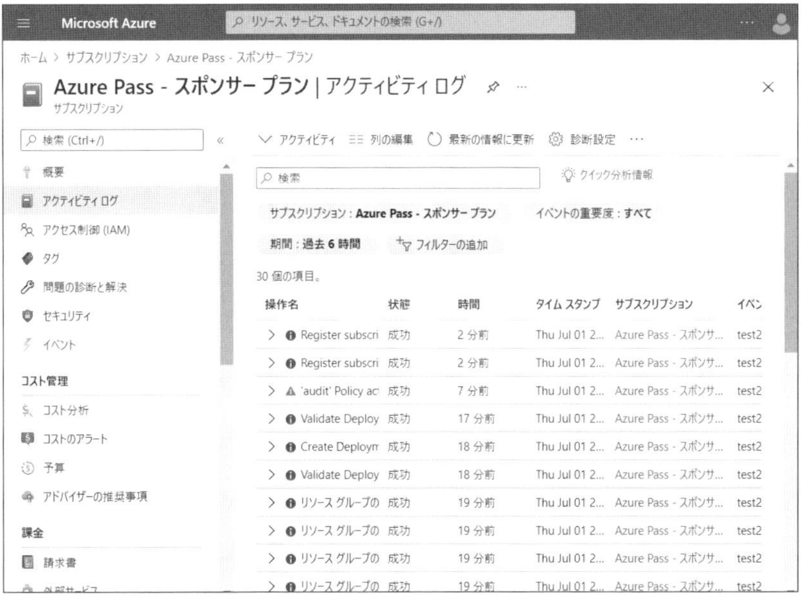

◯ Azure Monitorエージェント

Azure Monitorエージェントは、Azure VMや、オンプレミスサーバーから、ログやメトリックを集めるソフトウェアです。エージェントは、Windows・Linuxに対応しており、VMやサーバー上で収集したデータをLog Analyticsワークスペースに送信します。イベントログ（Windows）やSyslog（Linux）、パフォーマンスカウンター（Windows、Linux）、ミドルウェアなどが出力する任意のログ（テキストファイル）などを収集・送信できます。Azure以外のクラウドで稼働しているVMにもインストール可能です。

Azure Monitorエージェントでデータを収集

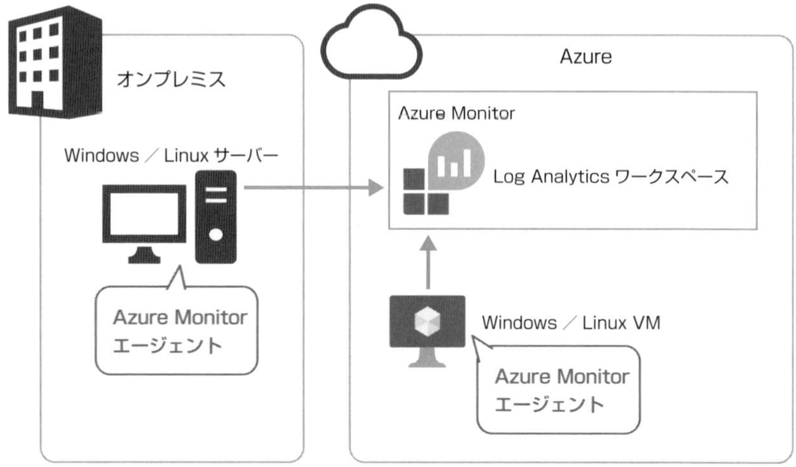

各環境におけるAzure Monitorエージェントのインストール方法は、コマンドラインから手動でインストールする方法を始めとして、いくつかあります。詳細は、以下のドキュメントを参照してください。

- **Azure Monitor エージェントの概要**
  https://docs.microsoft.com/ja-jp/azure/azure-monitor/agents/agents-overview

ログの分析〜Log Analytics

Log Analyticsは、Azure Monitorに組み込まれた、ログの分析機能です。Azure Monitor（Log Analyticsワークスペース）に収集されたログを対話的にクエリ（問い合わせ）して、分析することができます。

クエリには、**KQL（Kusto Query Language）**と呼ばれるクエリ言語が使用できます。分析結果は、グラフ化することも可能です。

KQLの利用例

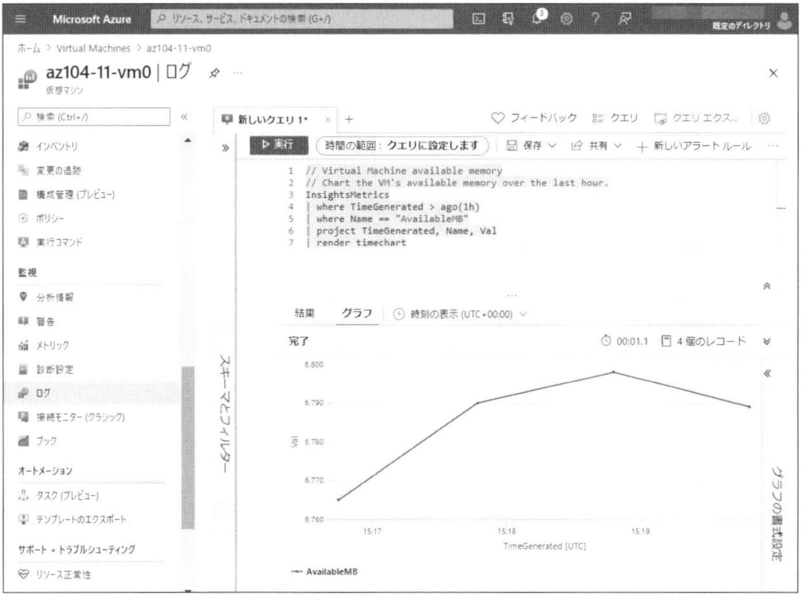

アプリケーションの監視～Application Insights

Application Insightsは、Azure Monitorの機能の1つであり、Azureやオンプレミス、そのほかのクラウドなどで実行されているアプリケーションの、パフォーマンスを管理するサービスです。Azureの利用者はこのサービスで、開発したアプリケーションのパフォーマンス監視、異常の検出、問題の分析などを行えます。

アプリケーションは、インターネットを通じて、Application Insightsにテレメトリデータを送信します。利用者は、Azure portalのApplication Insightsの画面を使用して、収集されたテレメトリデータを分析します。

たとえば、Application Insightsの「パフォーマンス」パネルを使用すると、アプリケーションに対する各操作の回数や平均実行時間などを確認できます。

Application Insights

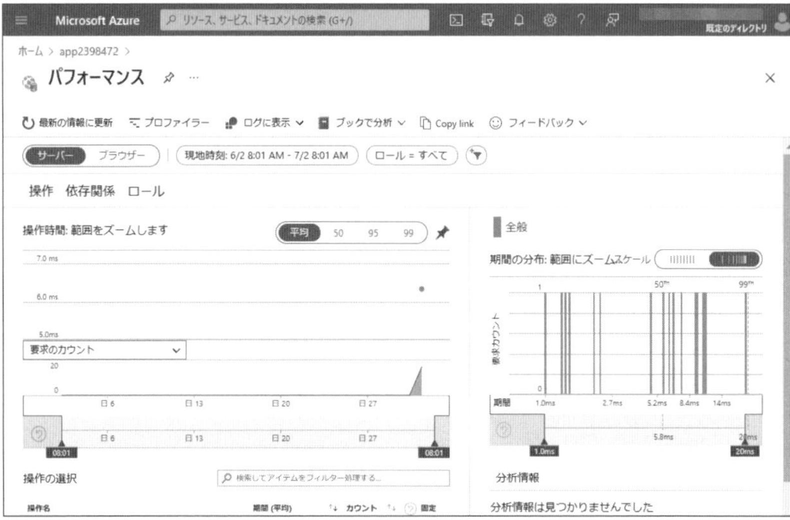

○ インストルメンテーション

アプリケーションでApplication Insightsによる監視を有効化することを、**インストルメンテーション**といいます。インストルメンテーションの方法には、自動と手動の2種類があります。

インストルメンテーションの方法

インストルメンテーションの方法	概要
自動	アプリケーションのコードを変更する必要がない、監視の有効化の方法。「コードなしの監視」や「エージェントベースの監視」とも呼ばれる
手動	監視を行うためのSDKやコードをアプリケーションに手動で追加することで、監視を有効化する方法。「コードベースの監視」とも呼ばれる

App Serviceなどでは、どちらの方法も使用できます。たとえば、あるアプリケーションの開発プロジェクトにおいて、初期段階では簡単に導入できる自動インストルメンテーション（エージェントベースの監視）を使用して監視を開始し、その後はより詳細な監視を行うために、手動インストルメンテーション（コードベースの監視）に切り替える、という使い方もできます。

○ コードなしの監視

コードなしの監視（Codeless monitoring）は、Azureによってサポートされている特定の環境や言語で利用できます。「エージェントベースの監視」とも呼ばれます。環境や言語によりますが、リソースの設定で監視を有効化するスイッチをオンにするといった、比較的簡単な方法で、監視を有効化します。環境によっては、この監視はデフォルトで有効です。

コードなしの監視を有効化するには、次の方法があります。

コードなしの監視を有効化する方法

環境／言語	概要
App Service	ASP.NET、ASP.NET Core、Node.jsベースのWebアプリケーションで利用できる。Azure portalの設定画面から、ワンクリックで監視を有効化可能。クライアントサイドの監視を有効にすることもできる
Azure Functions	Azure Functionsの基本的な監視はデフォルトで有効になっている。ログ、パフォーマンス、エラーデータ、HTTP要求を収集可能
Azure Kubernetes Service（AKS）	AKSでJavaアプリケーションを稼働させる場合に「コードなしの監視」を行える。Java以外の言語のアプリケーションを稼働させる場合は「コードベースの監視」（SDKの組み込み）を使用する
Java	任意の環境（VM、オンプレミス、AKS、Windows、Linuxなど）で利用可能。Javaサーブレットへのリクエスト、JDBC接続などの依存関係、ログ、メトリック、Azure SDKのテレメトリなどが自動で収集される。JVMには、「Javaエージェント」を組み込む
オンプレミスのサーバー／Azure以外のパブリッククラウド	Windows上のIISでホストされる.NET Webアプリで利用できる。Windows上でPowerShellを使用して、Application Insightsエージェント（PowerShellモジュール）を組み込む

○ コードベースの監視

コードベースの監視（Code-based monitoring）は、アプリケーションのプロジェクトにApplication Insights SDKを追加して、監視を有効化する方法です。要求や依存関係、例外、パフォーマンスカウンター、ハートビート、ログなどのテレメトリが、SDKによって自動的に収集·送信されます。アプリケーションのコード内でTelemetryClientクラスを使用して、追加のテレメトリ（カスタムのメトリックやイベント、ログなど）を送信することも可能です。

コードベースの監視を行う方法

アプリケーションの種類	概要
ASP.NET Core Webアプリ	さまざまな場所（App Service、VM、Docker、Azure Kubernetes Service、オンプレミスのIISなど）でホストされているASP.NET Core Webアプリの監視。オプションで、クライアントサイドのテレメトリも収集可能
ASP.NET Webアプリ	オンプレミスのIISサーバーやクラウドでホストされているASP.NETアプリの監視。オプションで、クライアントサイドのテレメトリも収集可能
.NETコンソールアプリ	.NET Core／.NET Frameworkコンソールアプリの監視
.NETワーカーサービスアプリ	.NET Core 非HTTP/バックグラウンドアプリ（dotnet new workerで作成）の監視
Python	OpenCensus Python SDK（opencensus）　とOpenCensus Azure Monitor Exporter（opencensus-ext-azure）を使用した、Pythonアプリケーションの監視。OpenCensusの統合により、requests、httplib、Django、mysql、PyMySQL、postgresql、PyMongoといったライブラリの、依存関係を追跡できる
Node.js	VM、オンプレミス、クラウドでホストされているNode.jsアプリケーションの監視。受信と発信HTTP要求、例外、システムのいくつかのメトリック、MongoDB、MySQL、Redisなどの一般的なサードパーティ製パッケージを監視できる
JavaScript	Webページの監視。ページの読み込みとAjax呼び出しのタイミング、Webブラウザの例外やAjaxエラーの数と詳細、ユーザー数とセッション数、滞在時間などを監視できる。ページ、クライアントのOS、Webブラウザのバージョン、geoロケーションなどでセグメント化して分析可能。React、React Native、Angular、クリック分析などのプラグインを導入して、詳細なクライアント情報などを取得することもできる
Java	「コードベースの監視」は非推奨。「コードなしの監視」を使用し、MicrometerやLog4jといったライブラリを使用して、カスタムのメトリックや例外を送信できる

Section 41 バックアップ ～Azure Backup

システムやデータのバックアップを行うには一般的に、バックアップを実施するための管理ソフトウェアや、バックアップデータを格納するためのストレージなどのセットアップと運用が必要です。さらに、火災や地震、データの盗難、運用ミスなどのリスクを想定して、バックアップデータ自体を安全に保護する計画も必要です。これらには、大きな手間とコストがかかります。

Azureが提供するフルマネージドのバックアップサービスを使用すれば、バックアップに関する手間やコストを最小限にでき、操作も簡単です。Azureのバックアップは、Azure上のリソースだけではなく、オンプレミスのサーバーなどのバックアップにも対応しています。

Azureにおけるバックアップの概要

ここでは、バックアップを行うためのAzureのサービスを説明します。取得したバックアップは、障害や災害が発生した際の復元・復旧に役立ちます。

Azureのバックアップサービス

名称	概要
Azure Backup	Azureやオンプレミスのデータをバックアップおよび復元するための機能を提供する
バックアップセンター	バックアップを大規模に管理、監視、操作、分析するための機能を提供する

Azure Backup

Azure Backupを使用することによって、Azure上のVM（WindowsおよびLinux）、AzureのVM上で動作するSQL ServerやSAP HANAデータベース、VMのディスク、VM内のファイル・フォルダー、Azure Files、Blob Storage、オンプレミスの物理・仮想マシンなどをバックアップできます。

Azure Backup

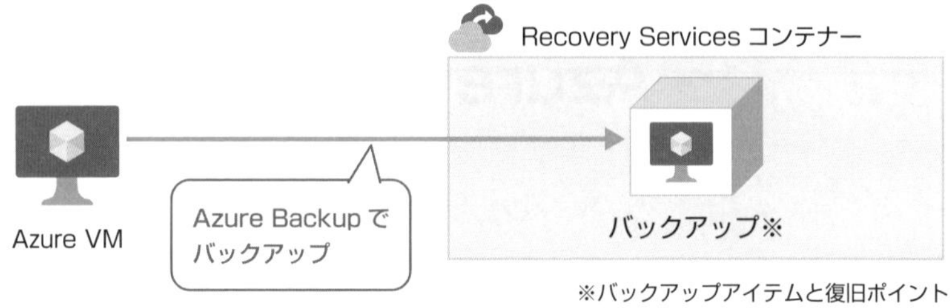

なお、Azure Backupを使えばAzureのあらゆるリソースのバックアップを実施できるというわけではなく、Azure Backupによらないバックアップ機能を持つサービスもいくつか存在します。たとえば、App Service、Cosmos DBなどでは、Azure Backupではなく、サービスに組み込まれたバックアップ機能を利用します。

バックアップセンター

バックアップセンターは、2020年後半に登場した、比較的新しいサービスです。Azure Backupを使用した大規模なバックアップを、効率的に管理するための機能を提供します。

バックアップセンター

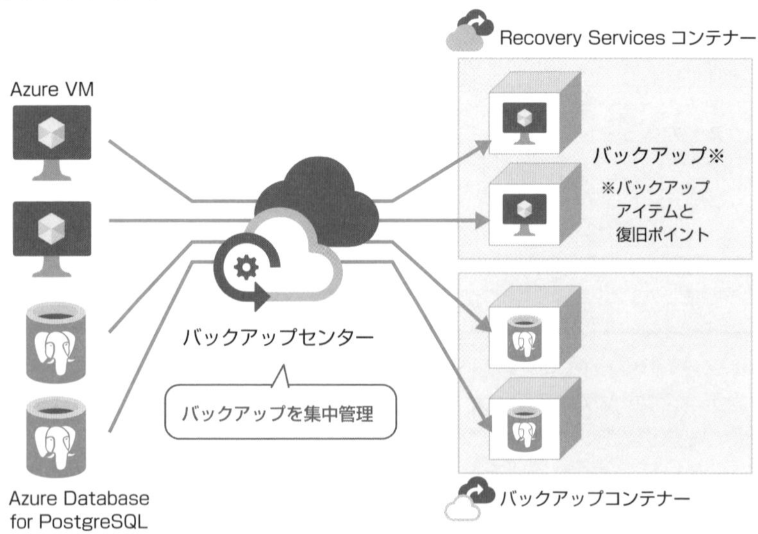

バックアップデータを格納するコンテナー

Azure Backupによって作成されたバックアップデータは、コンテナーに格納されます。このコンテナーは、Blob Storageのコンテナーとは別のものなので、注意してください。

コンテナーは2種類あり、いくつかのデータソース（バックアップ可能なリソース）をサポートしています。たとえば、AzureのVMをバックアップする場合は、Recovery Servicesコンテナーを利用します。

コンテナーの種類

コンテナーの種類	概要	サポートされるデータソース
Recovery Services コンテナー（Recovery Services vault）	バックアップデータを格納するストレージエンティティ	Azure VM、Azure VMのSQL、Azure Files、Azure VMのSAP HANA、Azure Backup Server、Azure Backupエージェント、DPM
バックアップコンテナー（Backup vault）	いくつかの新しいデータソースをサポートするストレージエンティティ	Azure Database for PostgreSQLサーバー、Blob Storage、Azureのディスク

コンテナーは、Azure Backupを使う前に利用者が明示的に作成する必要があり、バックアップセンターが登場する以前は、コンテナーを個別に作成していました。バックアップセンターを使うと、バックアップセンターの画面内で、コンテナーを作成したり、作成済みの複数のコンテナーを集中管理したりできるので、コンテナーの作成と管理がわかりやすくなっています。

コンテナー自体は、リソースグループの下に作られるリソースの一種です。コンテナーの構造を次の図に示します。「バックアップアイテム」や「復旧ポイント」については続いて説明します。

バックアップデータはコンテナーに格納される

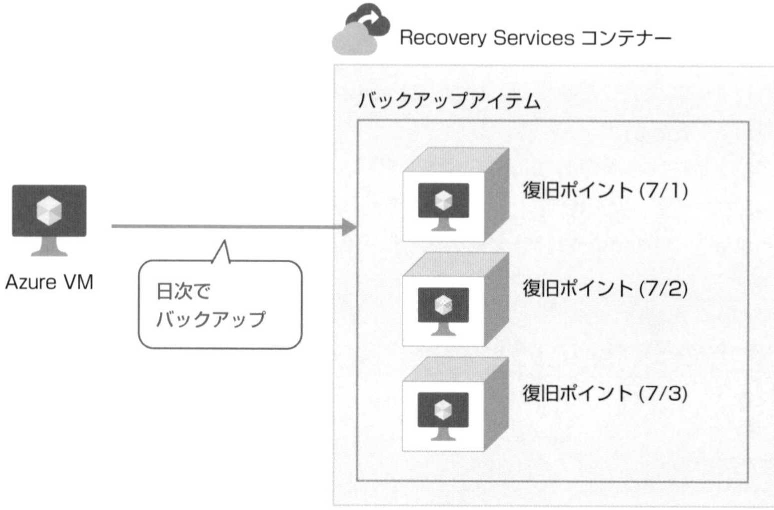

バックアップアイテム

リソースのバックアップを保存するように設定することを、**有効化**といいます。バックアップを有効化すると、コンテナー内に**バックアップアイテム**（バックアップ項目）が作成されます。たとえば、VM1とVM2という2つのVMのバックアップを有効化すると、Recovery Servicesコンテナー内に2つのバックアップアイテムが作成されます。

復旧ポイント

バックアップが実行されると、バックアップアイテム内に**復旧ポイント**が作成されます。たとえば、VM1のバックアップがスケジュールに従って10回行われると、10個の復旧ポイントが作成されます。

復旧ポイントには、それぞれ保有期限があり、期限が切れた古いバックアップは自動で削除されます。保有期限は、次に説明する、バックアップポリシーで設定されます。

バックアップポリシー

バックアップのスケジュール（頻度）、時間、保有期限などは**バックアップポリシー**で定義します。

VMのバックアップを設定する際に、デフォルトで「DefaultPolicy」というバックアップポリシーが準備されます。このポリシーでは、毎日、午後10時（世界共通時）にバックアップを実行するスケジュールとなり、各復旧ポイントの保有期限は30日です。このデフォルトのポリシーを受け入れて使用することも、別のポリシーを作成して使用することも可能です。

バックアップのスケジュールは、毎日または毎週（指定の曜日）の指定の時刻で設定できます。たとえば、「毎週日曜日の午前2時（日本時間）」といった指定を行えます。

保有期限は、日単位のほか、週・月・年単位でも指定できます。たとえば「毎週日曜日に取得したバックアップを、24週間（約半年間）保持する」といった指定が可能です。なお、保有期限を長く設定すると、バックアップで使用するストレージが増え、その分のコストがかかるので、注意が必要です。

なお、バックアップポリシーもコンテナーに格納されます。

インスタントリストア

インスタントリストアという機能は、復旧ポイントの作成と復元操作の高速化を行います。たとえば通常のVMのバックアップでは、内部的に、以下の２つの手順が実行されます。

①VMのスナップショット（読み取り専用のコピー）を、ディスクと同じ領域に作成する
②スナップショットをコンテナーに転送する

またVMの復旧時には、コンテナーからの、スナップショットのデータ転送が行われます。

インスタントリストアでは、指定された期間、手順①のスナップショットが保持されます。これにより、バックアップ時および復旧時の、スナップショットのデータ転送の待機時間が短縮されます。スナップショットの保持期間は、１日から５日までの任意の値に設定できます。デフォルトは、２日間です。

VMのバックアップ例

ここではVMを例に、バックアップセンターを使用してバックアップを構成する流れを説明します。

①データソースの種類として「Azure仮想マシン」、コンテナーとして、作成済みの「Recovery Servicesコンテナー」を選択する
②デフォルトで作成されるポリシーを受け入れるか、新しいバックアップポリシーを作成する
③インスタンスリストアの保持期限として、デフォルト(2日間)を受け入れるか、1～5日を指定する
④バックアップ対象のVMを選択する

以上を行うとバックアップが有効化され、Recovery Servicesコンテナーに、このVMの「バックアップアイテム」が作成されます。

バックアップの構成

この手順を行った時点ではバックアップはまだ始まりませんが、ポリシーで設定されたスケジュールの日時になると、バックアップが実行されます。これを**スケジュールされたバックアップ**と呼びます。対して、バックアップセンターから「今すぐバックアップ」を選択すると、バックアップをすぐに開始することもできます。これを**オンデマンドバックアップ**と呼びます。

スケジュールされたバックアップやオンデマンドバックアップに加えて、復元などの「ジョブ」の数やそれぞれのジョブの進行状況も、バックアップセンターから確認できます。

バックアップからVMを復元する例

ここでは、前の手順で取得したVMのバックアップを例に、バックアップセンターを使用して、新しいVMを作成する形での復元を行う場合の流れを説明します。

①バックアップセンターで「復元」を選択し、対象のVMを選択する
②復旧ポイントを選択する
③復元方法として、新しいVMの作成を選択する。VMの名前を入力する
④復元が開始され、状態が「進行中」になる。「ジョブの進行状況」で、進捗を確認できる
⑤状態が「完了」になると、復元された新しいVMが利用可能となる

Column リソースをデプロイするサービス〜Bicep

第39節ではARMテンプレートについて解説しましたが、2020年頃に登場したBicep（バイセップ）を使用してリソースをデプロイすることもできます。Bicepでは、ARMテンプレートよりも簡潔な宣言型の構文を使用して、Azureのリソースを宣言し、デプロイすることができます。

Bicepファイルの例（main.bicep）

```
resource storageAccount 'Microsoft.Storage/
storageAccounts@2019-06-01' = {
  name: 'mystorage123456'
  location: 'japaneast'
  kind: 'StorageV2'
  sku: {
    name: 'Standard_RAGRS'
  }
  properties: {
    accessTier: 'Hot'
    supportsHttpsTrafficOnly: true
  }
}
```

AZ CLIを使用したデプロイの例

```
az deployment group create \
  --resource-group testrg \
  --template-file main.bicep
```

詳しくは下記のドキュメントを参照してください。

- **Bicepの概要（Microsoft Docs）**
  https://docs.microsoft.com/ja-jp/azure/azure-resource-manager/bicep/overview

Chapter 8

Azureを
さらに学ぶには

本章では、Azureについて学習する方法や、調べる方法について紹介します。本書を読んだあとにさらにAzureを学びたい場合は、参考にするといいでしょう。

Section 42

Azureの操作方法を学ぶ ～Microsoft Learn

本書では、Azureのさまざまなサービスを体系的に解説してきました。本書で得た知識を踏まえて、実際の操作方法を身に付けたり、本書で扱っていないAzureのサービスを学習したりしたい場合は、Microsoft Learnが利用できます。

Microsoft Learn とは

Microsoft Learnは、マイクロソフトの製品を学べる、無料のオンライントレーニングプラットフォームです。Azureだけではなく、Microsoft 365、Dynamics 365、Power Platform、.NET、Visual Studio、GitHub、Windowsなどの学習コンテンツが提供されています。コンテンツの多くは、日本語を含む複数の言語で提供されています。

- **Microsoft Learn**
  https://docs.microsoft.com/ja-jp/learn/

Microsoft Learn

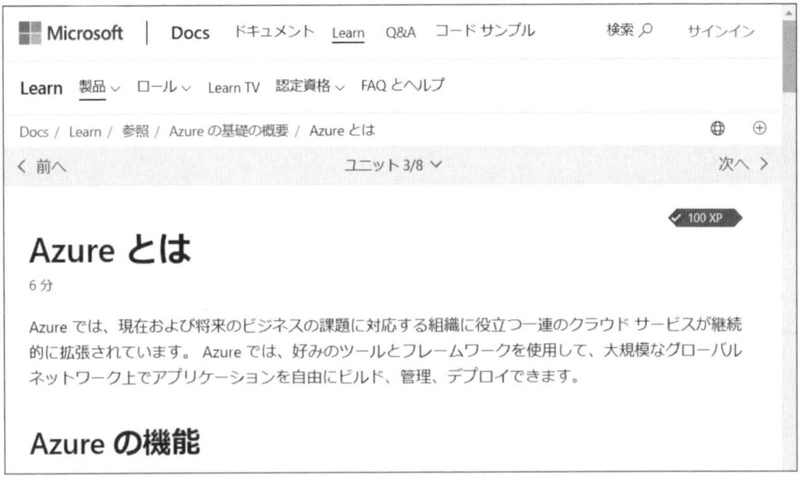

Microsoft Learnのコンテンツは、ラーニングパス、モジュール、ユニットに整理されています。

Microsoft Learnのコンテンツ

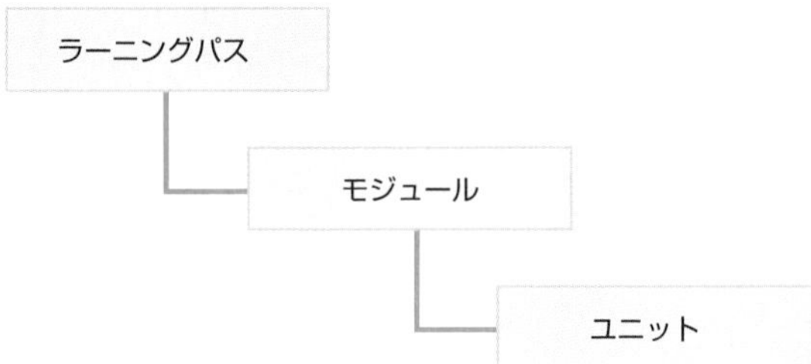

◯ ラーニングパス

ラーニングパスは、「開発者」「アーキテクト」などのロール（役割）や、AzureのVM・Azure Functionsなどのサービスを学習するための、コンテンツの集まりです。

◯ モジュール

ラーニングパスの中には複数のモジュールがあり、多くのモジュールは数十分程度で学習できるように構成されています。

基本的には、ラーニングパスを選択し、そこに表示されたモジュールの順に学習します。ただし、モジュールはそれぞれ独立しているので、必要なモジュールだけを学習することも可能です。ユーザーは、自分の「コレクション」を作成して、ラーニングパスやモジュールをコレクションに追加することができます。興味があるコンテンツをコレクションに追加して整理したり、コレクションを他のユーザーと共有したりすることも可能です。

◯ ユニット

モジュールは、ユニットと呼ばれる複数のページから構成されています。ユニットの中には、実際にAzureを操作する「演習」や、学んだ知識を確認する「知識チェック」も含まれています。演習では、自分のサブスクリプションを使うこともできますが、「サンドボックス」と呼ばれる無料のサブスクリプションも使用可能です。

ユニットをクリアしたり、「知識チェック」のすべての問題に正解したりすると、

「経験値」を獲得できます。「経験値」が貯まると、レベルが上がっていきます。

モジュールをすべてクリアすると「バッジ」、ラーニングパス内のすべてのモジュールをクリアすると「トロフィー」を獲得できます。現在の経験値やレベル、獲得したバッジやトロフィーは、自分の「プロファイル」画面で確認できるので、学習の進み具合を把握するのに役立てるといいでしょう。また、経験値、レベル、バッジやトロフィーは、以下の「プロファイル」のページで表示することができます。このページを使用して、Microsoft Learnでの学習の成果をアピールすることができます。

- **「プロファイル」ページ**
  https://docs.microsoft.com/ja-jp/users/（ユーザー名）

Microsoft Learnのコンテンツを探すには

Microsoft Learnから、目的のコンテンツを効率よく探し出す方法について紹介します。

コンテンツを探す方法

方法	概要
Microsoft Learnの「すべて参照」	Microsoft Learnの「すべて参照」(https://docs.microsoft.com/ja-jp/learn/browse/）ページで、製品・ロール・レベルなどを入力して絞り込む
Microsoft Docsで検索	Microsoft Docsのトップページ（https://docs.microsoft.com）で、検索ボックスにキーワードを入力して検索する。続いて「コンテンツ領域」で「Learn」を選択すると、Microsoft Learn内でそのキーワードを検索した結果が表示される
Azureの認定試験ページでの表示	Azureの認定試験のページ（P.264参照）の下部に、「準備する方法」として、Microsoft Learnの関連ラーニングパスの一覧が掲載されている
Azure portalで検索	Azure portalの「すべてのサービス」をクリックし、キーワード（例えば「virtual machines」）で検索する。検索結果の項目上にマウスカーソルを乗せたままにすると、「Microsoftの無料トレーニング」部分に、Microsoft Learnの関連コンテンツへのリンクが表示される
検索エンジンでの検索	Bingなどの検索エンジンで「Microsoft Learnコレクション」といったキーワードで検索すると、他のユーザーが作成したコレクションが見つかる

Section 43 Azureをより詳しく調べる〜Microsoft Docs

Azureについてより詳細に調べたいなら、Microsoft Docsというサービスを使うといいでしょう。ここでは、Microsoft Docsについて紹介します。

Microsoft Docsとは

Microsoft Docsは、マイクロソフトの新しいドキュメントサービスです。Microsoft Learnと同様で、無料で利用できます。Azureに始まり、Microsoft 365、Dynamics 365、Power Platform、.NETなどのサービスや製品について、詳細なドキュメントが提供されています。

- Microsoft Docs
  https://docs.microsoft.com

Micorsoft Docs

多くのコンテンツは、日本語を含む複数の言語で提供されています。日本語版を表示している場合は、画面右上の「英語で読む」をクリックすることで、英語版にアクセスできます。また、画面左下にも、言語の選択リンクがあり、そこから別の言語版に切り替えられます。URLに含まれる「en-us」(英語)や「ja-jp」(日本語)を書き換えて、言語を切り替えることもできます。ドキュメントはすべてオープンソース化されており、フィードバックを送信したり、プルリクエストを作成したりできます。

前節で紹介したMicrosoft Learnは、オンライントレーニングプラットフォームであり、学習のために提供されています。そして内容が初心者向けに書かれており、学びやすい単位(モジュール)で区切られています。そのため、本書のあとにAzureについて学びたい場合は、まずMicrosoft Learnで学習してから、Microsoft Docsでより詳しく調べるようにするといいでしょう。

なお、Microsoft Docs登場以前に利用されていたMicrosoft Developer Network(MSDN)やMicrosoft TechNetなどのコンテンツは、Microsoft Docsに移行されています。

Microsoft Docsの画面の左側には、目次が表示されています。目次の構成はサービスごとに異なりますが、おおまかに、以下のようになっています。

Microsoft Docsの目次

目次	概要
概要	サービスの概要説明
クイックスタート、チュートリアル	サービスの基本的な利用方法、C#などのコードからの利用方法などを紹介
概念	サービス内の諸機能の詳しい説明
リファレンス	Azure CLI、Azure PowerShell、REST API、ARMテンプレートなどのリファレンスマニュアルへのリンク
サンプル	C#などの各種言語を使用したコードサンプルや、ARMテンプレートへのリンク
リソース	サービスに関連するブログ、ロードマップ、ベストプラクティス、トラブルシューティング、ビデオなどへのリンク

Section 44 実力を証明する～Microsoft認定資格

本書やMicrosoft Learnなどを通じてAzureの学習をしたあとは、Azureのスキルを証明できる認定試験にチャレンジするのもいいでしょう。ここでは、認定試験の概要について紹介します。

Microsoft認定資格

Microsoft認定資格を取得すると、Azureなどの製品やサービスに関する一定の知識とスキルがあることを証明できます。また、製品やサービスの主要な機能を一通り理解し、知識やスキルを底上げするという観点でも役立ちます。

Azureの認定資格は多岐に渡りますが、ここでは本書がターゲットとする「これからAzureを学習する人」向けの、主な資格を紹介します。

主なMicrosoft Azure認定資格

認定資格	試験	概要
Microsoft Certified: Azure Fundamentals	AZ-900	Azureの基礎に関するファンダメンタル（初級レベル）の試験
Microsoft Certified: Azure Administrator Associate	AZ-104	Azureの管理に関するアソシエイト（中級レベル）の試験
Microsoft Certified: Azure Security Engineer Associate	AZ-500	セキュリティに関するアソシエイト（中級レベル）の試験
Microsoft Certified: Azure Developer Associate	AZ-204	ソリューションの設計と実装に関するアソシエイト（中級レベル）の認定
Microsoft Certified: DevOps Engineer Expert	AZ-400	DevOpsに関するエキスパート（上級レベル）の認定
Microsoft Certified: Azure Solutions Architect Expert	AZ-305	ソリューションの設計と実装に関するエキスパート（上級レベル）の認定

なお、認定資格は新設・変更・廃止される場合があります。また、認定の前提条件が存在する場合もあります。試験範囲や料金など、最新の情報は、各試験の公式ページで確認してください。

試験は全国各地のテストセンターで受験します。また、自宅などからオンライン受験することも可能です。試験に合格すると、合格を証明する「デジタルバッジ」が取得できます。取得したデジタルバッジは、外部のサイト（LinkedInなど）やメールに埋め込むことで、認定資格を所有していることをアピールすることができます。

Microsoft認定試験に関する詳細な情報は、下記のページも参考にしてください。

- **Microsoft認定試験**
  https://docs.microsoft.com/ja-jp/learn/certifications/

試験予約の流れ

試験を予約する際のおおまかな流れは、以下の通りです。

- **Microsoftアカウントを作成しサインインする**
- **試験のページで「スケジュール」をクリックする**
- **テストセンターまたはオンラインを選択する**
- **（テストセンターでの受験の場合）試験会場を選択する**
- **受験日時を選択する**
- **クレジットカードで料金を支払う**

合否は、受験後すぐにわかります。受験後は、認定試験ダッシュボード（https://www.microsoft.com/ja-jp/learning/dashboard.aspx）で、試験の結果を確認したり、デジタルバッジを発行する手続きを行ったりできます。

なお、試験には有効期限があります。6ヶ月以内に有効期限が切れてしまう認定資格を持っている場合は、Microsoft Learnの「更新アセスメント」に合格することで、毎年無料で、認定資格を更新可能です。

「Azure Fundamentals」にチャレンジ

Azureの最も初歩的な認定試験は、Microsoft Certified: Azure Fundamentalsです。出題範囲や料金など、認定試験の詳細は以下のページで確認できます。

- **Azure Fundamentals**
  https://docs.microsoft.com/ja-jp/learn/certifications/exams/az-900

試験に役立つ学習方法を、いくつか紹介します。

試験の学習方法

学習方法	概要
市販の書籍での学習	AZ-900、AZ-104などの学習に役立つ書籍が発売されている
Microsoft Azure Virtual Training Day	Microsoftの各製品を最大限に活用するための、無料オンライントレーニング。Azure Fundamentalsのトレーニングを終了すると、AZ-900を無料で受験できる
Microsoft Learnを使った無料のトレーニング	Microsoft Learnで、出題範囲を学習する
インストラクターによる有償のトレーニング	公式インストラクターによるトレーニングを受講する
LinkedInラーニング	Azureを含むさまざまな学習コンテンツを利用できる

Microsoft Azure Virtual Training Dayについては、以下のページで、最新の日程を確認できます。

- **Microsoft Virtual Training Days**
  https://www.microsoft.com/ja-jp/events/top/training-days

Column インストラクターによるトレーニング

Azureの学習には、公式インストラクターによるクラスルームトレーニングも利用できます。Teamsなどのリモート会議システムを使用した、リモートでのトレーニング受講が可能です。たとえば「AZ-104 Microsoft Azure Administrator（Azure管理者）」は4日間のコースで、Azure AD、リソース管理、仮想ネットワーク、VM、App Service、モニタリング、バックアップといった、Azureの管理者に必要なスキルを、集中的に学べます。コースの中ではハンズオンラボ（演習）も多く用意されており、実際のAzureの操作方法も身に付きます。トレーニング中、講師に質問もできるので、その都度疑問点を解消できます。

AZ-104以外にも、多数のコースが提供されています。コース情報は、以下のページから確認してください。

- **インストラクター主導のコース**
  https://docs.microsoft.com/ja-jp/training/courses/browse/

INDEX

A

AMQP …… 205
Apache Spark …… 225
Application Insights …… 245
ARMテンプレート …… 234
Azure Active Directory …… 19, 54
Azure App Service …… 83
Azure App Service
Static Web Apps …… 121
Azure Application Gateway …… 80
Azure Applied AI Services …… 177, 180
Azure Arc対応Kubernetes …… 15
Azure Backup …… 249
Azure Blob Storage …… 120
Azure Bot Service …… 17, 194
Azure CLI …… 45
Azure Cognitive
Services …… 16, 177, 179
Azure Cosmos DB …… 14, 154
Azure Cosmos DB Capacity
Planner …… 160
Azure Data Factory …… 226
Azure Data Lake Storage Gen2 …… 227
Azure Databricks …… 226
Azure DevOps …… 22
Azure Files …… 133
Azure Functions …… 92
Azure Fundamentals …… 265
Azure IoT Central …… 213
Azure IoT Hub …… 200
Azure Kubernetes Service …… 15
Azure Load Balancer …… 80
Azure Logic Apps …… 18, 103
Azure Logic Apps Standard …… 110
Azure Machine Learning …… 177
Azure Monitor …… 22, 240
Azure Monitorエージェント …… 243
Azure Policy …… 60
Azure portal …… 38, 40
Azure PowerShell …… 45
Azure PowerShell Azモジュール …… 47
Azure Queue Storage …… 138
Azure RBAC …… 58
Azure Resource
Manager (ARM) …… 235
Azure SQL …… 169
Azure SQL Database …… 169
Azure SQL
Managed Instance (MI) …… 169
Azure SQL Server on VM …… 169
Azure Stream Analytics …… 218
Azure Synapse Analytics …… 224
Azure Table Storage …… 145
Azure Time Series Insights …… 222
Azureコンピューティングユニット
(ACU) …… 87
Azureハイブリッド特典 …… 24
Azure無料アカウント …… 37

B・C・D

Bicep …… 256
Bing Search API …… 15
BLOB …… 121
Bot Framework Composer …… 196
CI/CD …… 22
Cloud Shell …… 44
Computer Vision …… 16, 182
Cosmos DBアカウント …… 156
Custom Vision …… 182
DRaaS …… 10
Durable Functions …… 101
DWU …… 225

E・F・G

ELT …… 226
ETL …… 226

Event Grid …… 212
Event Hubs …… 223
FaaS …… 10
Face …… 183
GitHubアカウント …… 37

I・K・L

IaaS …… 9
IaC …… 235
IoT …… 198
IoT Edge …… 214
IoT Edgeエージェント …… 215
IoT Edgeハブ …… 215
IoT Hub Device Provisioning Service …… 204
Kappaアーキテクチャ …… 230
KQL …… 244
Lambdaアーキテクチャ …… 228
Language Understanding …… 189
Log Analytics …… 244
Log Analyticsワークスペース …… 242

M・N

Marketplace …… 72
Microsoft Authenticatorアプリ …… 39
Microsoft Azure …… 11
Microsoft Bot Framework …… 17, 193
Microsoft Docs …… 261
Microsoft Learn …… 258
Microsoft Teams …… 17
Microsoftアカウント …… 37
Microsoft認定資格 …… 263
MQTT …… 205
NoSQL …… 145

O・P・Q・R

OSディスク …… 74
PaaS …… 9
QnA Maker …… 17, 190
Recovery Servicesコンテナー …… 251

S

SaaS …… 9
SAS URL …… 124
Service Bus …… 210
Speech CLI …… 187
Speech Service …… 186
SQLエラスティックプール …… 171
SQLサーバー …… 170
SQLデータベース …… 171
SQLプール …… 225
Synapse Studio …… 224

T・U・V

Text Analytics …… 191
Translator …… 191
User Principal Name (UPN) …… 56
Virtual Machines …… 41, 70
Virtual Network …… 50, 76
Visual Studio …… 21
Visual Studio Code …… 21
VMSS …… 78

あ行

アクション …… 105
アクセス層 …… 127, 135
アクチュエーター …… 198
アップグレードポリシー …… 82
アドバイザーの推奨事項 …… 67
アプリ …… 85
アラート …… 241
一時ディスク …… 74
委任 (delegation) …… 124
イメージ …… 71
インスタンス …… 78
インスタンスID …… 78
インスタントリストア …… 253
インストルメンテーション …… 246
ウィンドウ関数 …… 220
エンティティ …… 145
オブジェクト …… 121
オブジェクトストレージ …… 120

オンデマンドバックアップ……255

か行

価格レベル……86
可視性……142
カスタムエンドポイント……210
カスタムドメイン……56
カスタムプロパティ……147
仮想ネットワーク……50, 76
仮想マシン……70
仮想マシンスケールセット……78
可用性ゾーン……26, 79
関数……95
関数アプリ……95
管理グループ……52
機械学習……176
キュー……140
共同責任モデル……29
共有アクセス署名……124
クエリ(検索)……149
組み込みエンドポイント……210
クラウドコンピューティング……8
クラスター化インデックス……149
グローバルネットワーク……28
グローバル分散……164
構造化データ……145
項目……157
コードなしの監視……247
コードベースの監視……247
コスト分析……65
コネクタ……106
コンシューマグループ……210, 223
コンテナー……122, 156
コンテナー型仮想化技術……15, 214

さ行

サーバーレス……83
サーバーレスSQLプール……225
サービスプラン……86
サイズ……72, 82
最大有効期限……140
サインアップ……36
サブスクリプション……51
サブネット……76
システム定義プロパティ……157
システムプロパティ……147
自動スケール……88
従量課金制……39, 51, 62
冗長性オプション……115
承認(authorization)……124
初期ドメイン……56
シリーズ……72
シングルサインオン……19, 54
診断設定……243
スケーリングポリシー……81
スケールアウト……81, 88
スケールアップ……87
スケールイン……81
スコープ……52
ステートフル……94
ステートレス……94
ストレージアカウント……97, 112
スナップショット……136
スループット……158
スワップ……90
整合性レベル……166
セカンダリリージョン……115
セカンダリエンドポイント……117
セキュリティの既定値群……39
センサー……198
専用SQLプール……225
早期削除料金……129
総保有コスト(TCO)計算ツール……64
ゾーン冗長……27

た行

タイプ……72
ダイレクトメソッド……207
ディレクトリ……55
データディスク……74
データベース……156
データレイク……227

テーブル……145
テナント……55
デバイス……199
デバイスツイン……206
デプロイスロット……89
トランザクション……152
トリガー……92, 104

な行

ナレッジベース……190
ネットワーク
インターフェースカード……75
ネットワーク
セキュリティグループ……75

は行

パーティション……148, 160
パーティションキー……160
バインド……92
バックアップアイテム……252
バックアップコンテナー……251
バックアップセンター……250
バックアップポリシー……253
パブリックIPアドレス……75
パブリックアクセス……126
非管理対象ディスク……74
ファイル共有……133
フィールドゲートウェイ……206
フォールバックルート……212
フォルダー……122
復旧ポイント……252
物理パーティション……161
プライベートIPアドレス……75
プライマリエンドポイント……117
プライマリリージョン……115
プラン……85, 95
ブルーグリーン・デプロイメント……89
ブレード……43
ブロック……122
プロパティ……145
プロビジョニング……158
ペアになっているリージョン……27
ページ……122
ポイントインタイムリストア……130
ボット……192
ホットパーティション……163
ポリシー……58

ま行

マネージドID……21
マネージドディスク……74
無料試用版……51
メッセージ……138
メトリック……241

や行

有効化……252
ユーザー定義プロパティ……157
要求ユニット（RU）……158
予算……66
予約……24

ら行

ライフサイクル管理ポリシー……129
ランタイムスタック……96
リージョン……13, 25
リソース……48
リソースグループ……49
リハイドレート……129
料金計算ツール……63
量子コンピューティング……16
ルーティング……211
ルール……129
ロードバランサー……80
ロール……58
ログ……241
ロジックアプリ……104
ロジックアプリデザイナー……105
論理パーティション……161

著者紹介

○ 山田裕進（やまだ・ひろみち）

2020年よりマイクロソフトで、Microsoft Technical Trainerとして活動中。Azureの公式トレーニングを毎週担当している。アプリケーション開発技術、オープンソース、開発者向けのクラウドサービスなどに特に興味がある。
本書では第１章から第５章、第７章、第８章を担当。

○ 本間咲来（ほんま・さき）

主に「さっくる」というハンドルネームで活動。NTTコミュニケーションズ時代はエンジニアとして働くかたわら、開発者コミュニティ運営に携わりはじめる。マイクロソフト入社後、テクニカルエバンジェリスト、ソフトウェアエンジニアを経て、現在はMicrosoft Technical Trainerとして活動中。
本書では第６章を担当。

担当：吉成明久
編集：横田恵（リブロワークス）
カバー・本文デザイン：横塚あかり（リブロワークス・デザイン室）

●特典がいっぱいのWeb読者アンケートのお知らせ

C&R研究所ではWeb読者アンケートを実施しています。アンケートにお答えいただいた方の中から、抽選でステキなプレゼントが当たります。詳しくは次のURLのトップページ左下のWeb読者アンケート専用バナーをクリックし、アンケートページをご覧ください。

C&R研究所のホームページ **https://www.c-r.com/**

携帯電話からのご応募は、右のQRコードをご利用ください。

全体像と用語がよくわかる!　Microsoft Azure入門ガイド

2022年 1月21日　第1刷発行
2024年 5月15日　第5刷発行

著　者　山田裕進、本間咲来
発行者　池田武人
発行所　株式会社　シーアンドアール研究所
新潟県新潟市北区西名目所4083-6（〒950-3122）
電話　025-259-4293　FAX　025-258-2801
印刷所　株式会社　ルナテック

ISBN978-4-86354-368-3 C3055